超级助理

AI时代的工作方式

秦朔 主编 叶军 策划

何苗 杨琳桦 主笔

中信出版集团 | 北京

图书在版编目（CIP）数据

超级助理：AI 时代的工作方式 / 秦朔主编；叶军策划；何苗，杨琳桦主笔 . -- 北京：中信出版社，2024.6（2025.1重印）

ISBN 978-7-5217-6594-6

Ⅰ . ①超… Ⅱ . ①秦… ②叶… ③何… ④杨… Ⅲ . ①人工智能－应用－办公自动化 Ⅳ . ① TP18 ② TP317.1

中国国家版本馆 CIP 数据核字（2024）第 099085 号

超级助理：AI 时代的工作方式
主编：秦朔
策划：叶军
主笔：何苗　杨琳桦
出版发行：中信出版集团股份有限公司
（北京市朝阳区东三环北路 27 号嘉铭中心　邮编　100020）
承印者：北京通州皇家印刷厂

开本：880mm×1230mm　1/32　印张：10.5　字数：220 千字
版次：2024 年 6 月第 1 版　印次：2025 年 1 月第 5 次印刷
书号：ISBN 978–7–5217–6594–6
定价：59.00 元

本书写作组

组　长：叶　军　秦　朔

总执行：宋　菁

主　笔：何　苗　杨琳桦

成　员：韩　祎　何晨曦　何小芳　宋燕子　吴锦波　张　睿　张芷然

业务指导专家：程操红　傅徐军　高　铎　贾　伟　李　伟　李智勇　林　锋　齐俊生　邱　达　王　铭　吴振昊　熊伟熠　杨　猛　叶周全　赵加雨　赵　中　周　鹏　邹茂顺（按姓氏拼音排序，不分先后）

目录

序

迎接一个最让人兴奋的新办公时代

秦　朔

一

一部人类的文明史和生产力的发展史，也是一部信息传播史，一部人与人的交流合作史，以及劳动生产工具的进化史。

如果把劳动生产活动纳入广义的办公概念，也可以说，人类的历史，半部是办公史，半部是生活史。

从办公角度看，人类之所以能改造自然，不断实现各种梦想和理想，其奥秘在于，他们能够通过专业化的分工合作，持续发展出更好的劳动工具、生产方式，由此打造出更好的生活。只要有创新，这将是一个永无休止的过程。

就此而言，人类的进步取决于两点：一是人与人合作规模的扩大与合作秩序的优化，二是生产工具、生产方式的进化。只要人们组织在一起的效率更高，生产工具的效能更高，社会生产力就会一直向前发展。

当人类进入信息时代，以上规律又有了新的表达。

1993 年，美国未来学家乔治·吉尔德提出了一个用计算机网络先驱、3Com 公司创始人梅特卡夫的名字命名的公式：$V = K \times N^2$，即“一个网络的价值等于该网络内的节点数的平方，而且该网络的价值与联网用户数的平方成正比”。[①] 这一梅特卡夫定律说明，一个网络连接的节点、用户等越多，带来的价值就越大。换言之，人与人的更多、更好、更方便的连接，能创造更大的价值。

2018 年前后，微软 CEO（首席执行官）萨提亚·纳德拉提出了技术强密度（tech intensity）的概念：tech intensity = tech adoption × tech capacity（技术强密度 = 技术应用 × 技术能力）。在新冠疫情暴发所激起的数字化浪潮中，这一公式又被丰富为：tech intensity = $(\text{tech adoption} \times \text{tech capacity})^{\text{trust}}$ [技术强密度 = $(\text{技术应用} \times \text{技术能力})^{\text{信任度}}$]。这一概念的提出旨在说明，以掌握技术能力、落实技术应用为基础，以对技术创新的充分信任和支持为加速指数，将为未来的经济发展提供关键力量。

在 2020 年的一次演讲中，纳德拉明确把技术密度、企业韧性和数字化转型关联在一起。他说：“任何组织想要在前所未有

① V 为网络价值，K 为价值系数，N 为用户数量。

的不确定环境中胜出，就必须赋能员工、培养新的混合办公方式、以新方式与客户交互、转型产品与服务的商业模式、确保员工与客户安全等，这就需要用数据构成生生不息的循环，从而实现数字化转型以及重塑企业的韧性，而这就是技术强密度。”

纳德拉主张，云计算和人工智能等技术工具应该掌握在全世界每一位知识工作者、一线员工以及每一个组织和公共部门机构的手中，如此才能确保技术强密度的“全民化”，赋能全民开发者共享关键能力、数据和信息，打破孤岛，跨越传统界限，推动创新，实现“人人获益的经济增长”。

今天，无论个体办公生产力的提高，还是协同办公生产力的提高，都离不开数字技术的发展。可以说，数字化平台、数字化技术、数字化工具，已经成为推动人类进步、创新和普惠发展的关键力量。

二

1937 年，罗纳德·科斯在《企业的性质》一文中提出，企业的显著特征就是作为价格机制的替代物。在企业之外，价格变动决定生产，这要通过一系列市场交易来协调，但市场运行是有成本的，如发现信息、谈判、签约等都需要成本。而在企业之内，是企业家指挥生产、支配资源，这就能节约某些市场运行成本。

然而事实上，企业内部的沟通成本、交易成本也是大量存在的，弄不好就会产生“大企业病”。因此企业必须通过办公自动化、流程化、扁平化、协同化的工具以及组织变革，想方设法降低内部交易成本，保持敏捷与高效。

高效协同和灵活响应的数字化办公能力，正是打造长青企业的必备条件。

中国拥有最多用户的企业数字化服务平台钉钉给我描述了一些今天的数字化办公场景。

杭州一所小学的校长说，以往每年到了学期末，他们工作量最大的一件事是打印奖状，甚至打坏过几台打印机。用了钉钉后，不用再打印了，可以用平台上的低代码工具做一个小系统，并生成盖章功能。有了这样的数字化奖状，家长拿到后就可以在朋友圈转发。一位做女装品牌的老板娘则介绍说，她的企业在全国有2000多个门店，货架上的每一件衣服都装了传感器，顾客拿起一件衣服进到试衣间，试衣间的线圈会感应到传感器，就知道试穿的是哪一款。她每天都根据这些数据决定要不要加单、加哪些单。

上海三菱电梯的负责人说，在实际运行中，没有两台电梯是完全一样的。以往每个维修工去维修时都要带一本上百页的电梯图。现在用钉钉，维修工在现场只要问一下钉钉上的机器人，马上就可以看到该电梯的施工图，不用再去档案馆找资料。以前维修一台电梯平均需要2周，现在缩短到3天。在2022年3月中旬至6月中旬期间，整个上海三菱电梯的体系用“钉闪会”开了17863场会议，日均近200场，保证了组织不停、业务不断。

在新疆准噶尔盆地以东的昌吉，东方希望集团旗下的重化工园区准东基地，每天都会有一辆辆重型卡车从大门进出。卡车进入前，摄像头会自动对司机进行人脸识别，对车牌进行拍照上传，将人、车、货与系统内数据比对。卡车入园后，系统会指引货车自动排队、自动过磅。如果排队车辆较多，司机可以根据系统提示去吃饭或休息，然后根据提示在相应时间返回，过磅后再自动卸货。以前，一个大门口需要几十个人值守，现在只需要几个人。

钉钉总裁叶军说，他最欣喜的是看到数字化办公平台对普通创业者的改变。以前，创业的第一件事是找办公场地，无论有没有人，先把场地租下来。现在，三两个创业者有了创意，会先在钉钉上建一个组织，然后开始工作。

从这些俯拾皆是的案例中，我们可以看到，数据驱动已经成为新生产、新办公时代的基本标签。组织成员在线上沟通，业务数据在线上搜集、汇聚和分析，企业与上下游合作方和消费者的连接也在线上。

如果说中国制造的上一代很多都是洗脚上田，用工厂改变中国，那么新一代则是用数字导航，用数字化工具改变中国。

三

新的革命正在展开。惊涛拍岸，卷起千堆雪。

短短一两年，拜 OpenAI 推出的 ChatGPT 以及通用人工智能

（AGI）的发展所赐，数字化办公革命正迅速向智能化办公革命迁徙。用叶军的话来说："人工智能已经从玩具走向工具，进入千行百业，成为降本增效的生产力工具。"

在这一轮人工智能大潮中，美国再立潮头。

比尔·盖茨在其博客中说，"人工智能"一词指的是创建用于解决特定问题或提供特定服务的模型。而ChatGPT是1980年以来最具革命性的技术进步（上一个革命性标志是图形用户界面），整个行业都将围绕它重新定位。企业将通过充分使用它脱颖而出。

比尔·盖茨认为，随着计算能力变得更加便宜，ChatGPT表达想法的能力将越来越像拥有一个白领工人来帮助你完成各种任务。"你将能够使用自然语言让这个助理帮助你安排日程、沟通和做电子商务，并且它将在所有设备上运行，它将查看你最新的电子邮件，了解你参加的会议，阅读你阅读的内容，并替你做你不想为之烦恼的事情。这将提高你在想做的任务上的工作效率，并使你从不想做的任务中解放出来。"在企业维度，企业级助理（agent）将以新的方式赋予员工权力，使员工变得更有生产力。

纳德拉说，人工智能的发展给我们带来了最自然的用户使用界面——便于计算机理解我们而不是我们理解计算机。除了自然界面，另一个突破是我们现在拥有了一个新的推理引擎。"你将这两者结合在一起：一个是新的用户界面，更加直观，基于自然语言，但多模态、多轮次、多领域；另一个是推理引擎，它从某种意义上将几乎所有软件类别、生产力、操作系统、浏览器都合并在一起。”

前两年，纳德拉在其演讲中讲述的数字技术应用场景包括：农民可以操作一架低成本的无人机，使其在农田上空飞行，收集并传回数据，农舍中的智能云和智能边缘可以提供即时分析，例如哪里是干旱或病虫害的高发区；工厂车间里的操作人员，依靠下一代技术来辨别钻头位置的变化，从而确保精密制造；无论身处何地，医生都可以利用增强现实技术进行虚拟会诊，检查病人身体，共享图像，并即时从数据中获得见解……

2023 年 3 月 16 日，在 ChatGPT 新风口上，微软推出了人工智能助手“Microsoft 365 Copilot”。它基于大语言模型，可以帮助用户在 Word 中编写文档、在 Excel 中分析数据或报告、在 PowerPoint 中创建演示文稿等。

纳德拉说，就像云计算改变了所有软件类别一样，人工智能也将带来一场变革性的转变。“Copilot 旨在通过人工智能技术为用户提供更加智能化的办公解决方案。它能够根据用户的输入和需求，提供个性化的建议和解决方案，帮助用户更高效地完成工作。”

在大洋彼岸，智能化革命正在加速进行。

2024 年 2 月 16 日，OpenAI 发布了一款王炸级的视频生成模型 Sora：只需输入文字，便可生成一段 60 秒的超精细高清视频。这标志着 AI（人工智能）技术已经从图文突破到视频领域。这将极大降低视频制作的门槛和成本，使更多人能参与高质量视频的创作。

就在Sora问世之际，谷歌也宣布推出新一代模型：Gemini 1.5。首个登场的多模态通用模型Gemini 1.5 Pro能够一次性处理超过70万个单词的文本、3万行代码、11个小时的音频，或1个小时的视频。之所以如此，是因为谷歌模型采用了“混合专家模型”（MoE）的算法，这样，在回应需求时，只会跑整体模型的一部分，回应速度更快，处理起来也更便捷。

人工智能技术的汹涌澎湃、快速迭代，对智能办公形成了强大的支撑和推动。

智能办公时代呼之欲出，就在眼前。

四

在数字化转型和智能化革命的进程中，中国走过了一条怎样的道路，又会走向哪里？《超级助理：AI时代的工作方式》以钉钉的实践为经，以全球办公革命的发展历史为纬，为我们勾勒出一部激动人心、启发良多的创新篇章。

2024年是钉钉问世9周年。钉钉的前身是曾经试图与微信一争高下的“来往”。“来往”虽未成功，但其创始团队并未偃旗息鼓，而是在企业通信领域找到了突破口，在2015年打造出一款专门解决企业移动沟通与协同的多端平台产品。

随着移动互联网的发展，从2015年到2020年，钉钉完成了

3 亿用户的积累。在这一阶段，钉钉先是靠着免费电话、DING 消息、已读未读等功能切入了企业级服务软件市场，继而又靠着办公自动化、音视频会议、钉盘等功能，在多人协同办公方面扎下了根。

2024 年之前，钉钉有过 7 次大版本的迭代，所有迭代都是为了降低中国企业数字化的门槛。作为长期关注数字化转型的观察者，我曾多次到钉钉调研，和钉钉多位高管也有深度交流。在他们看来，中国企业的数字化转型，第一阶段是组织在线，第二阶段是业务的数字化，第三阶段是产业互联，即企业与企业间实现数字化协同。钉钉的 7 个版本分别对应着这些阶段的演化，渐次升级。

为什么钉钉能成为中国企业数字化转型过程中的一个基础性、平台级底座?

这要回到中国软件产业发展的历史来看。中国企业尤其是中小企业在使用软件方面起步晚，付费能力弱，也缺乏付费习惯，“重硬件，轻软件”，信息化水平普遍偏低，国内也缺乏能和欧美企业服务软件巨头相抗衡的强手。相比之下，欧美国家则有漫长的信息化阶段，软件定义一切，环境很成熟。

但到了移动互联网时代和数字经济时代，属于中国自己的强大的移动互联网平台崛起，虽然一开始是在消费互联网范畴，但它们建立了强大的能力——即时通信能力、音视频能力、高并发大流量条件下的顺畅运行能力、安全能力等。这些能力可以在它们进入产业互联网、推动企业数字化转型时，以非常低的成本（一开始甚至免费）供给广大企业使用，先入门，从某个单点切入，尝到甜头后再深入。在消费互联网领域的丰厚利润，也使得这些平台不必求一时回报，而是更有耐心去培育市场。

这些平台中，钉钉因为脱胎于阿里巴巴集团（简称“阿里”），长期服务各个产业带的中小微企业，所以对企业、商业的理解更深。加上阿里本身就有很多数字化运营实践，从物的连接到人的连接到系统的连接，积累了很多方法，也帮助钉钉在早期发展中可以基于已经成熟的经验，助力企业从易于上手的地方推动数字化转型。

但最重要的原因是，钉钉坚持专注于做好基础平台建设，而把大量应用服务交给合作伙伴去做。钉钉也不是没有走过弯路，有一段时间也去做具体项目，做企业数字化转型的总包，但后来发现，钉钉的任务就是要做好 PaaS（platform as a service，平台即服务），做好文档、音视频、项目、会议等基础产品，并将这些产品和能力作为底座开放给整个生态。

叶军曾对我说，其实能把这些做好已经很不容易，仅仅是适配到不同的终端设备，对应不同的操作系统，工作量就是巨大的。比如，钉钉做鸿蒙的适配就需要 60 个专业的研发工程师工作一到两年的时间。而当钉钉把基础做好，“隔离”了各种硬件和操作系统后，它自己就像一个操作系统。通过它，产业互联网上的很多 SaaS（software as a service，软件即服务）供应商可以高效、方便地触达用户。这也易于形成一个共创共享的服务生态。

五

2022年12月，在钉钉发布面向企业间协同办公的7.0版本时，用户数已经超6亿。[①] 而恰在此时，ChatGPT在大洋彼岸已经爆发，且呈现出不凡气象。

在深入研究后，钉钉得出了两个结论：一是企业数字化的核心价值并没有变，还是组织在线、业务数字化、产业互联；二是AI能将这些重新做一遍，做得体验更好、成本更低、效率更高。同时，AI化也不只是大模型化，还包括小模型、中模型、垂直的行业模型等等。

2023年4月11日，阿里正式发布“通义千问”大模型，钉钉则是阿里接入该模型的第一个产品。4月18日，钉钉用一根魔法棒——斜杠“/”开启了自己的AI新世界。

通过斜杠“/”，用户可以在钉钉文档中拟标题、写诗、写故事、润色文案、生成海报；可以在视频会议中开启智能会议摘要，会后还能一键生成议程回顾、重点内容、待办事项等；可以在IM群聊中自动生成聊天记录摘要，让新入群者不用再辛苦翻看聊天记录；可以在投票应用、手绘表格、板书拍照等应用开发

① 截至2023年底，钉钉已拥有7亿用户。

场景中，用自然对话自动创建一个低代码应用，还可以通过对话修改应用的内容。

“用 AI 把一切重新做一遍”，由此拉开序幕。这条斜杠“/”也俨然成了钉钉智能化的超级入口。到 2023 年 11 月，钉钉宣布，在超过 50 万家企业内测之后，钉钉 AI 的魔法棒正式上线。钉钉聊天、文档、知识库、脑图、闪记、Teambition（协作化项目管理平台）等 17 项钉钉产品，以及钉钉的 60 多种应用 AI 场景全面开放测试。2024 年起，钉钉的核心场景全都具备智能化能力。

钉钉在把自己的产品用 AI 重做一次的同时，也将智能化底座 AI PaaS 开放给生态，用大模型帮助生态伙伴和企业客户把产品重做一遍。

以上海艾为电子技术股份有限公司（简称“艾为电子”）为例。该企业有超千款自主知识产权的芯片，要服务近千家客户。每款产品都附有一本产品手册，通常以英文撰写，有几十乃至上百页，里面有大量技术专有名词、表格、电路图和各种参数。客户在使用中随时可能发来线上或电话咨询，企业为此配置了七八十名技术服务专家，每天在本职技术工作外还要花大量时间回答问题，从产品说明书中确认各种细节，非常耗时耗力。

基于钉钉的 AI PaaS 能力，艾为电子与钉钉共创了艾为专属模型，并基于模型搭建了“IC 智能客服”，7×24 小时为客户提供即时响应的咨询、答疑服务。这不仅大大提高了客户满意度，而且使很多知识资产更好地沉淀下来。

钉钉智能化办公革命的最新进展，是和生态伙伴及企业共创AI助理（AI Agent）。办公场景是极其分散的，但AI助理会一直和你在一起，从早到晚，足够客观地刻画你，无形之中也是在帮你做各种标注。当它非常懂你之后，会有针对性地为你提供帮助。例如当你写差旅提示词时，它会从你所属的企业组织中读出出差标准的数据，如差旅费限额，根据数据给出建议。这是钉钉很特别的地方，它在办公领域具有场景优势和数据优势。

此外，钉钉也开始推出针对C端（用户端）的个人版。钉钉认为，在智能办公时代，每个人都应该有一个“第二大脑”或知识中心。对那些具有较强办公属性的个人来说，钉钉在B端（商家端）积累的知识和工具，以及庞大的服务伙伴的资源，更有助于打造出他们的AI助理。当然，AI助理不可能第一天就什么都知道，也需要慢慢培养和打磨。但它拥有无止境进化的学习力、记忆力，无疑比自然人更适合办公。在B端和C端共进后，钉钉好像同时在干微信和企业微信的事。这样的模式没有人走成功过，但值得一试。比如，无论国内的企业微信、飞书还是国外的Slack、Teams、Salesforce都是纯粹to B（面向商家）的，而钉钉还有to C（面向用户）的场景，能够加好友，而不是用完就走。这是独特的机会，也是复杂的挑战，同时充满想象力。

对企业家来说，有了大模型和自然语言对话，他们可以“一步登天”，很容易清晰地了解实时的人财物产供销等情况。如果企业家想分析一下过去三个月的平均销量是多少，哪一款产品的销量最高，直接问就行了。你越会发问，就越有发现。

当下的经济充满挑战。但从钉钉上可以看到，现在企业组织的创建仍然非常快，每天会有几千家企业注册，两三个人就能注册一个，而且他们还可能不在一个城市，而是分布式办公。也许，由于AI化的发展，企业的组织形态正在发生变化，更接近于“涌现型”，随时可建可撤，可合可分，切换得很快。这可能意味着整个社会经济的分工与服务在进一步细化，个人的决策效率会更高，逆变性也会更强。虽然企业组织的压力很大，但借助数字化技术，其响应速度和韧性也在提高。

有人有一个天马行空又富有逻辑的想法：智能时代可能会带来一个新趋势，即绕过App（应用软件）的边界，直接触达数据。未来不需要有那么多App，用户端有一个超级App就可以了。这个超级App将帮助用户实现与其他App之间的数据连接互通，也会跟周边的打车、订房等软件集成到一起。不再有跳转，不会有界面，只有一个智能入口，操作极简，把底层的数据都打通。甚至未来连SaaS、PaaS和IaaS（infrastructure as a service，基础设施即服务）这三层都会被绕过，用户直接由AI层调用MaaS（model as a service，模型即服务），用一个MaaS界面加上模型，解决所有问题。到那时，“不找关系找（AI）助理，助理帮你解难题”会是普遍的场景。

未来已来。让我们拭目以待。无论如何，这都是一个最让人兴奋的新办公时代。我们没有理由不去关注，不去参与。

上部

从信息化到数智化

第一章 人工智能：从玩具到工具

人工智能发展的第四阶段

2022年9月，全球风险投资机构对生成式人工智能进行大规模投资的前夕，红杉资本发表了一篇预测性文章《生成式人工智能：创意新世界》(Generative AI: A Creative New World)，提出"预计AI的杀手级应用即将出现，比赛开始了"的判断。

所谓"生成式人工智能"是指：机器比人类在分析方面做得更好，机器分析被称为"分析人工智能"或传统人工智能，但人类不仅擅长分析，还擅长创造，现在，机器刚刚开始擅长创造有意义和美丽的东西，这一新类别被称为"生成式人工智能"。也就是说，现在机器不仅能够分析已经存在的东西，还开始创造全新的东西。

按照红杉资本的梳理，人工智能发展历程目前可以分为四个阶段，而我们现在正在进入第四个阶段。

- **阶段一：小模型至上（2015年之前）**：将近10年前，小模型被认为是理解语言的“最先进技术”。小模型擅长分析任务，并可以用于从预测交货时间到欺诈分类等工作。然而，小模型对于通用生成任务的表达能力不够，生成人类水平的写作或代码仍然只是一个梦想。
- **阶段二：规模竞赛（从2015年开始）**：谷歌研究院的一篇里程碑式论文《注意力是你所需的一切》（Attention Is All You Need）描述了一种用于自然语言理解的新型神经网络架构，这种架构被称作transformers。它可以生成高质量的语言模型，同时可并行性更强，训练所需的时间也大大减少。这些模型是小样本学习器，可以相对容易地根据特定领域进行定制。

而随着模型越来越大，其表现开始与人类水平相当，然后是超人类水平的结果。从2015年到2020年，用于训练这些模型的计算量增加了6个数量级，其结果超过了人类在手写、语音和图像识别、阅读理解以及语言理解方面的性能基准。其中，OpenAI的GPT-3脱颖而出，该模型的性能比GPT-2有了巨大的飞跃。

尽管基础研究取得了很大进展，但这些模型并没有得到普及。它们体积庞大，难以运行（需要图形处理器协调），不能广泛访问（不可用或仅为封闭测试版），而且作为云服务使用成本高昂。尽管存在这些限制，但是最早的生成式人工智能应用已经开始进入战场。

- **阶段三：更好、更快、更便宜（从2022年开始）**：计算变得越来越便宜，如扩散模型（diffusion models）等新技术降低了训练与运行推理所需要的成本。研究界不断开发出更好的算法和更大的模型。开发人员的访问权限从封闭测试版扩展到了公开测试版，或者在某些情况下是开源的。

对于那些一直无法访问LLM（大语言模型）的开发人员来说，探索和应用开发的大门现在已经打开，应用开始绽放。

- **阶段四：杀手级应用出现（现在）**：随着平台层的稳固，模型不断变得更好、更快、更便宜，以及模型访问趋向于免费和开源，应用层的创造力爆发时机已经成熟。

我们期待这些大型模型能推动新一轮的生成式人工智能应用，正如移动设备通过GPS（全球定位系统）、摄像头和随身连接等新功能释放出新应用一样。红杉资本预测：正如十年前移动技术的拐点为少数杀手级应用开辟了市场，预计生成式人工智能也将出现杀手级应用。比赛已经开始。

而促使红杉资本发表这一预测的直接原因是：2022年4月，一家位于硅谷的人工智能初创公司突然点亮了整个美国创投界，它就是此后照亮了全世界的OpenAI。

2015年，非营利组织OpenAI由特斯拉的创始人埃隆·马斯克和硅谷著名孵化器 YC 的前总裁萨姆·奥尔特曼等人共同出资 10 亿美元创建。

后来，奥尔特曼在接受《纽约客》采访时曾经提及为什么他要去帮马斯克创建 OpenAI。大概意思如下。

28 岁这一年，奥尔特曼突然意识到：人类不是独一无二的。很快，计算机就能够复制他们的大脑。在某些方面，人类可能还具有特殊性，比如创造力、灵感、感受情绪的能力，但是很快计算机也会有自己的欲望和人生目标。

奥尔特曼说："当得知智能可以被模拟时，我就不再认为人类有什么独特性了。而且相比于人类，机器还有很多优势——人类在输入和输出方面太慢，每秒只能学习两个 bit 数据，但是对于计算机，这简直就是慢动作。"

2003 年，瑞典哲学家尼克·博斯特罗姆曾经提出一个著名的假设：如果我们对一个全能的人工智能下命令，要求它制作尽可能多的回形针。那么，在没有其他指令的情况下，它就会耗尽地球上所有资源来制造回形针——包括你、我身体里的原子。

也就是说，人工智能将变得无比强大，但是它没有人类的价值观。于是，为了帮助全人类做战略防御，奥尔特曼决定与马斯克一起创立 OpenAI。

他们模拟的敌人，就是谷歌旗下的 DeepMind。因为如果世界上只有一个 DeepMind，那么假设有一天 DeepMind 出了问题，也许就会出现一个不朽的超级独裁者。这个独裁者会杀光所有竞争对手的研究人员，就像修改一个程序的 bug（漏洞）一样。

而 OpenAI 的第一个任务，就是要从谷歌和脸书等美国科技巨头手中夺取人工智能的人才。

不过，OpenAI 也有自己的问题。因为它的出发点是完全“防御性”和“利他性”的，所以没有人知道它想要什么——它的欲望是什么呢？（尤其是在威胁还没有发生时。）这就像一个创业者昭告天下他要创业了，但是他的行为方式却像在“带发修行”一样。

OpenAI 募集了 10 亿美元资金，雇用了一支由 30 名研究人员组成的超级强大的团队。他们想干什么呢？

马斯克后来帮助 OpenAI 提出了一个策略：最好的防御方式，就是让尽可能多的人拥有人工智能。因为如果世界上每一个人都有人工智能的能力，那么就没有任何一个人或者一小部分人可以拥有人工智能的超能力。

这也奠定了之后 OpenAI 商业模式的基础，那就是：向全世界出售自己的 AI 产品许可。

2022 年 4 月，OpenAI 向公众发布了自己开发的机器学习模型 DALL · E2，专门用于从自然语言描述中生成数字图像；同年 7 月，OpenAI 开始出售 DALL · E2 图像生成软件的许可。很快，DALL · E2 就正式开启了硅谷社交媒体上的一场 AI 生成艺术盛宴。

不过，让 OpenAI 始料未及的是：从 2022 年 7 月开始，整个硅谷和欧洲都出现了几家被全球科技界疯狂关注的生成式人工智能初创公司。其中，Midjourney 公司的产品是一款精美的艺术生成器。它没有网站，功能全集成在 Discord（专为社群设计的免费网络实时通话软件与数字发行平台）的一个频道里，并且很快就积累了约 300 万用户。人们使用这款软件，可以在几秒钟之内就生成精美而富有诗意的图片。例如，当你输入提示词“rain and yellow light”（雨和黄色的灯光）时，Midjourney 能够在几秒钟内生成一张“一个撑着伞在柠檬黄的夜灯下孤独行走的人的背影”的图片。

戴维·霍尔茨是 Midjourney 的创始人。他这样形容自己对生成式人工智能的理解：

“我们不认为这真的是关于艺术或者制作深度伪造品，而是关于——我们如何扩展人类的想象力。因为当计算机的视觉想象力比 99% 的人类更好时，这意味着什么呢？这不意味着我们将停止想象。汽车比人类行走的速度快，但这不意味着我们停止了步行。当我们要把大量的东西移动很远的距离时，我们需要飞机、轮船或汽车。因此，我们将这项技术视为——‘想象力的引擎’。”

开源人工智能软件也在这个时候兴起——Stable Diffusion 的突然出现，让整个人工智能世界都大吃一惊。通过使用 Stable Diffusion，包括 Stability AI 和后来大名鼎鼎的 Runway 在内的人工智能初创公司，已经为它们的客户开发了内容创建工具。

到了这个时候，全球创投界已经涌现出了大量狂热的技术，生成式人工智能初创公司获得融资的消息，也频频出现在美国媒体和各大科技网站上。与此同时，美国创投界的思想家们纷纷发表自己的看法。其中，萨姆·奥尔特曼的两段话广为传播：

"生成式人工智能提醒我们，人们很难做出有关人工智能的预测。十年前，传统观点认为：人工智能首先会影响体力劳动，然后影响认知劳动，最后，也许有一天它可以做创造性工作。现在看起来，它会以相反的顺序进行。"

一时之间，有关生成式人工智能的创造竞赛，以小时为单位在全球范围内展开。但仅仅是在几个月前，硅谷还笼罩在一片乌云之中。

2022 年第一季度，全球风险投资活动出现回调，全球风险投资总额为 1600 亿美元，这是 12 个月以来的第一次下降。这种回调，当然与美股二级市场的"崩溃"有关。事后的一系列数据表明：此后，全球风险投资将快速地，甚至也许是残酷地，从一个超级泡沫化、繁荣的环境，过渡到一个许多交易都没有完成的环境。

但是有关生成式人工智能的投资，却很快又"咆哮着"回来了。

这种从黑暗的萧条、跌宕起伏到兴奋的转折能力，也许正是硅谷创业界创造未来的核心力量。风险投资界已经跃跃欲试。

正如红杉资本在《生成式人工智能：创意新世界》一文中所说："生成式人工智能还处于很早期。平台层刚刚好，而应用空间几乎还没出现。但预计 AI 的杀手级应用即将出现，比赛开始了。"

“模型即服务”的业务逻辑

众声喧哗和异口同声，在科技界往往存在于同一件事情，这样的事让不同的人说着相同的话。原创性思想往往会出乎意料地在同一时间出现在多个地方。

就在红杉资本发表《生成式人工智能：创意新世界》的一个多月后，两家科技大公司展开了全面的行动。

2022 年 11 月 3 日至 5 日，阿里云栖大会在杭州的云栖小镇召开。在当天下午的技术主论坛演讲中，时任阿里巴巴达摩院副院长的周靖人做了一个题为《模型即服务，助力 AI 新发展》的演讲。

他首先提出了一个问题：过去十年，人工智能的技术和模型都得到了快速发展，但人工智能的应用仍然面临一系列的挑战，这主要是由以下几个因素造成的。

第一，模型的开发仍然具有一定门槛，因此今天的模型开发往往是由大公司或专业的科研机构来推动的。第二，模型的定制化需求仍然存在。第三，使用模型的方法千变万化，且没有统一的接口等，这也导致今天使用模型需要大量的专业知识和技术配置。第四，缺少一个统一的模型分享平台，难以帮助遇到困难的开发者快速找到相应的模型并下载应用。

周靖人还指出：阿里云提出了一个全新的概念——模型即服务，并指出“模型即服务”将解决上述一系列的技术问题。

所谓“模型即服务”是指：把模型视作生产的一个重要元素，

围绕模型的整个开发周期——从模型的产生、管理、下载、应用到最后的部署——提供服务。换句话说，阿里巴巴打算为开发者提供零门槛的模型体验。

这也意味着：首先，阿里需要建立起一个中心化的仓库来管理各种模型。同时，模型离不开数据和算力，阿里需要有相应数据集去配合模型的使用，还要结合阿里云有效的 GPU（图形处理器）和 CPU 的算力平台。

阿里巴巴宣布，为了使“模型即服务”这一新概念落地，一个由阿里达摩院和 CCF（中国计算机学会）开源发展委员会共同发起的开源社区已经准备就绪，该社区名叫 Model Scope（魔搭社区），周靖人代表阿里达摩院希望这个社区能够承载各式各样的模型，成为一个模型的万花筒，促进人工智能应用的广泛发展。

在这次云栖大会上，阿里达摩院系统 AI 实验室时任负责人贾扬清现场演示了阿里的协同办公应用钉钉在接入大模型之后的功能，包括可以实时对话作诗、实时对话画图等。

实时对话作诗的功能就像 ChatGPT，实时对话画图的功能就像 Midjourney。贾扬清的这一系列演示表明，钉钉上很早就出现了类似于 ChatGPT 形式的能力。根据阿里内部人士的说法，其实在云栖大会召开前的 2022 年 10 月，阿里内部办公的钉钉群内，就已经有人在用 AI 机器人对话。

不过在当时，绝大部分人都没有意识到，上述这些内容即将引领一个新时代，并且这个新时代很快就将向世界展现出它的魔力。

另外一边，微软公司则行动得更早。

2019 年 7 月 22 日，微软官网悄悄挂出了一则新闻，称 OpenAI 已经与微软公司建立独家的计算合作伙伴关系，两者将共同打造全新的 Azure AI 超级计算技术。

这则新闻的副标题是："拥有值得信赖与授权的多年合作伙伴关系、共同的价值观，以及由微软投资的 10 亿美元，OpenAI 将专注于建立一个平台并将利用该平台创造新的人工智能技术，兑现通用人工智能的承诺。"

需要注意的是，微软在官网上将 OpenAI 与自己联系在一起有一个重要的历史背景。

实际上，OpenAI 在早期发展中还面临着一个重要挑战，那就是：由于人工智能的研究和开发成本很高，OpenAI 需要很多钱。此外，顶级人才通常都要股票期权，如果 OpenAI 一直是一家非营利公司，它将如何从谷歌、脸书等科技巨头手中抢夺人工智能的人才呢？

2019 年，OpenAI 宣布重组，以作为对上述问题的一种解决方案，并创建了一个营利性的子公司，母公司则仍然为非营利组织，然后，开始采用"盈利上限"的模式。

所谓"盈利上限"是指：OpenAI 将把早期投资者的回报限制在其原始资本的 100 倍，以防止投资者驱动公司只关注利润。而且，后面投资者的回报上限只会更低。

“我们在这个问题上进行了非常艰苦的斗争。”后来奥尔特曼告诉媒体，“因为我们知道，如果你真的制作了AGI，基本上就像按下了一个按钮，然后说出你希望公司能够赚多少钱。”

需要注意的是：根据OpenAI对AGI的定义，AGI是指“在最具经济价值的任务中超越人类的自主系统”。

而几乎就在OpenAI定下“盈利上限”模式的同时，2019年3月，奥尔特曼宣布卸任YC总裁，正式出任OpenAI的首席执行官。同年7月，OpenAI接受了微软公司10亿美元的投资。

事后看起来，微软与OpenAI的结盟，可能是美国科技公司内部最为热烈的浪漫史之一。OpenAI的首席执行官奥尔特曼也在这个时候展现出了他作为一名精明的交易撮合者的特质。

通常，一个人区别于另外一个人的特质在他的少年时代就会表现出来。奥尔特曼也如此。他在还是一名大学生时，就创立了一个移动社交网站Loopt。尽管这个项目后来失败了，但奥尔特曼成功地说服了美国的无线运营商帮他去分销这个项目。2018年，OpenAI的技术开始进步，其团队开发出了GPT的第一个版本。奥尔特曼需要有更多资源来跟上。他首先向两位密友求助，希望OpenAI能够获得数千万美元的投资。

奥尔特曼的这两位密友，也是大名鼎鼎的人物：一位是投资者兼企业家里德·霍夫曼，他创立了美国职业社交网站的天花板领英；另外一位则是硅谷早期IT及互联网技术服务公司Sun的联合创始人、硅谷顶级的技术风险投资家维诺德·科斯拉。

经过反反复复的讨论，当霍夫曼与科斯拉确定确实可以从OpenAI这样一个长期且雄心勃勃的想法中赚钱后，科斯拉的硅谷顶级技术风险投资机构Khosla Ventures（科斯拉风险投资公司）向OpenAI开出了支票。

奥尔特曼则同意创建一个OpenAI的营利性部门，这个部门负责产生回报。奥尔特曼自己不持有任何新组建公司的股权，这可能也反映了OpenAI新公司创立时的章程设置：只有少数董事会成员可以同时持有营利性实体的财务股权，并且只有没有财务股权的董事会成员才能够对财务利益相关者与非营利组织的使命之间存在的潜在冲突进行投票。

之后，奥尔特曼就把目光转向了微软和它的首席执行官萨提亚·纳德拉。

奥尔特曼转向微软的原因有两个。第一个原因是，多年来微软一直在对人工智能进行代价高昂的押注。微软认为，这是提高公司生产力并在竞争中获得优势的一种方式。

事实上，当时微软的研究人员正在训练一个大规模的人工智能模型，旨在解析从互联网上抓取的数百万份文档，这一人工智能模型被称为“图灵”。微软后来称这一战略为“大规模人工智能”，核心理念是要找到“图灵”的赢利模式，因为它的开发成本实在太高昂——训练模型所需要的计算能力，远远超过了微软系统的计算能力。而根据美媒引用的知情人士的说法，纳德拉已经指示微软各团队使用“图灵”等人工智能模型来优化他们的产品。

第二个原因是为实现从“图灵”中赚钱这一目标，微软的首席技术官凯文·斯科特与全球芯片制造商英伟达达成协议，由后者负责开发高性能图形处理单元（人工智能从业者首选的芯片类型）以及能够处理训练人工智能所需要的繁重工作的电缆。微软自己则开发了名为DeepSpeed的新软件来提供帮助。

这些使微软公司成为OpenAI颇具吸引力的合作伙伴。由于OpenAI的模型严重依赖昂贵的云计算，奥尔特曼开始积极地向微软示好，多次飞往微软位于华盛顿州雷德蒙德的总部以达成交易。

当然，对于微软掌门人纳德拉来说，他还有另外一重考虑。

2014年，纳德拉成为微软的第三任首席执行官。此前，他是微软云和企业集团的执行副总裁，负责构建和运行微软的云计算平台。纳德拉曾领导了微软的一些重大项目，包括将微软转向云计算，以及开发出世界上最大的云基础设施之一。显然，云计算出身的纳德拉还看到了推动微软云业务的绝佳机会。

他知道，他的遗产将通过微软公司向客户租赁服务器与算力的能力来衡量。在云计算方面，亚马逊的AWS（亚马逊网络服务）已经赢得胜利，是美国三大云服务商的老大。排名第三的谷歌则正在试图追赶，而微软夹在中间，纳德拉需要一种快速发展这项业务的方法。

纳德拉对奥尔特曼的想法感到很兴奋。作为一名1992年就加入微软的老兵，他曾目睹了微软在早期的许多优势中失利，特别是在智能手机和平板电脑市场。微软的移动操作系统曾先于苹果推出，但之后被苹果公司超越。随后，微软收购了手机制造商诺基亚，但仍然没有取得显著成果，并且微软在搜索和广告领域追赶谷歌的大部分努力也都收效甚微。2014年，在新首席执行官纳德拉的带领下，微软的股价开始攀升：微软先是创造了云计算的奇迹，现在纳德拉计划带领微软在未来几年通过人工智能来创造利润。

2019年7月，微软宣布向OpenAI投资10亿美元。其中大部分钱，以微软云平台Azure的积分体现。这基本上可以使OpenAI免费运行在微软云上。其结果之一是，与微软竞争的谷歌云迅速失去了它最大的客户之一OpenAI，因为OpenAI宣布将在微软Azure上独家运行。

这也正是2019年7月微软官网悄悄挂出微软将与OpenAI共同打造全新的AzureAI超级计算技术的由来。

到了2021年，纳德拉正式对外宣布了这项新服务——Azure OpenAI，开始允许微软客户通过微软云平台Azure来安全、合规地访问OpenAI的API（应用程序编程接口），以使用OpenAI的各种模型，包括GPT-3。

而到了2022年，访问权限进一步拓展到了DALL · E2，以及OpenAI一种基于GPT-3、能够在开发人员输入时自动生成计算机代码的工具。当然，还包括OpenAI在2023年推出的GPT-4。

史上用户增速最快的消费应用

任何经历过技术周期的人都知道：在每一次技术浪潮中，初创公司与既有公司所获得的价值、收入、市值、利润与优秀人才，都不尽相同。在某些技术浪潮中，这一切都归初创公司所有，而在另一些技术浪潮中，则全部归既有公司所有，或者是被两者瓜分。

例如：在移动互联网浪潮中，大部分价值都流向了既有大公司；而在第一波互联网浪潮中，大部分价值都流向了初创公司。

相比之下，Web3 与人工智能是两个例外。截至 2024 年，Web3 的全部价值近乎百分之百流向了初创公司，既有金融服务或基础设施公司很少参与价值创造。而在上一波人工智能浪潮中，价值近乎百分之百流向了既有大公司，初创公司则几乎没有。

有一位思想深邃的投资人，他名叫埃拉德·吉尔。他是美国最大的独立风险资本家，曾在风险投资全盛时期的 2021 年，一个人就募集到了一只规模为 6.2 亿美元的基金。埃拉德·吉尔对生成式人工智能提出了一个犀利的问题："这一波人工智能浪潮，其价值将主要由哪个力量主导？"

更准确地说，吉尔真正关心的问题是：在这一次人工智能浪潮的价值创造中，初创公司能够大幅提高它们的市场占有率吗？

在这篇名为《人工智能：初创企业与既有企业的价值对比》的博客中，吉尔紧接着指出：OpenAI 马上就要推出的模型

GPT-4 将至关重要，因为这会是人工智能初创公司得以腾飞的关键。

“GPT-3 有用，但还没有‘突破性有用’到足以让大量的初创公司在其基础之上成为大公司的地步。但是一个比 GPT-3 好 5~10 倍的模型，应该能够创建出一个全新的人工智能创业生态系统。并且，同时也会优化既有大公司的产品。”吉尔指出。

美国最大独立风险资本家埃拉德·吉尔的预言，为接下来 OpenAI 的爆炸性故事埋下了一个重要的伏笔。

2022 年 11 月 30 日，注定将被历史所铭记。

这一天，OpenAI 推出了聊天机器人 ChatGPT。这是 OpenAI 历史上第一款生成式人工智能的消费级产品。随即 ChatGPT 的用户在 5 天之内就突破了百万，并且在两个月里，月活用户数突破了 1 亿。

根据瑞士银行巨头瑞银的说法，ChatGPT 是“历史上用户增长速度最快的消费级应用”。该著名投资银行的分析师称：“在互联网过去 20 年的发展中，我们找不到哪一款互联网应用的用户增长速度比 ChatGPT 更快。”

根据 Sensor Tower（美国的一家移动应用情报平台）的数据：之前，字节跳动旗下的 TikTok 用了 9 个月才达到 1 亿用户，图片分享应用 Instagram 则花了 2 年半达到 1 亿用户。而由 World of Engineering 整理的一份“全球应用达到 1 亿用户所需要的时间表”显示：WhatsApp 达到 1 亿用户用了 3 年半，脸书用了 4 年半，推特则用了整整5年。

没有人否认，正是ChatGPT这样一个老少皆宜、像个玩具一般的产品，让深埋在美国加州硅谷的OpenAI出了圈——全球的科技媒体都在疯狂地追踪ChatGPT，甚至连时尚类媒体、生活方式类媒体也加入了报道行列。这也正式奠定了OpenAI在人工智能领域的“江湖地位”。

不过，奥尔特曼决定要让事情更具爆炸性。就在推出ChatGPT的4个月后，2023年3月14日，OpenAI再一次震惊了人工智能圈：它发布了GPT-4模型——主要通过ChatGPT的付费版本ChatGPT Plus以及OpenAI针对企业级销售的API发布。与此同时，奥尔特曼还宣布将很快为ChatGPT引入插件。

所谓“插件”，是指允许开发人员在不需要更改核心代码库的前提下扩展、更新以及定制软件应用程序的功能。

而“为ChatGPT引入插件”意味着：OpenAI将为ChatGPT引入专门为其开发的第三方附加工具。换句话说，OpenAI将允许ChatGPT与外部的数据和服务进行交互。

不过，纳德拉行动得更快。

就在OpenAI发布GPT-4模型的一个月前，在美媒与博客作者神秘兮兮的渲染之后，2023年2月8日，微软公司正式向大众展示了自家的搜索引擎Bing的新版本，并宣布已经将OpenAI的GPT-4集成到新Bing中，任何互联网用户都可以在新Bing里获得类似于ChatGPT的体验。与此同时，微软还推出了Edge浏览器的新版本，并精心地在浏览器侧边栏内置了这些人工智能的新功能。

公允地说，即使没有生成式人工智能的加注，Bing 也是一个强大的搜索引擎，甚至比绝大多数人所认为的都要好，但是它从未真正获得过主流大众的关注。在过去的十几年里，微软公司使出了浑身解数，Bing 的全球市场份额始终停留在 10% 以下。

其中很大一部分原因，与搜索引擎行业的特点有关。早在 2009 年 6 月，微软推出搜索引擎新品牌 Bing 的时候，雅虎公司以及数位美国搜索界资深人士就曾经指出："Bing 面临的一个很大的问题是，它如果不能提供谷歌所不具有的'新东西'，要撼动谷歌近 70% 的市场份额基本不可能。不提供变量，Bing 几乎不可能改变这种已经被历史证明的强大而顽固的用户习惯。"

而现在，ChatGPT 给了公众一个切换搜索引擎的理由。更何况，这个时候 OpenAI 的 ChatGPT 接受的训练数据仅覆盖到 2021 年，但是微软新 Bing 中的 ChatGPT 信息库数据则要新很多，可以处理与最近事件相关的查询——想想看是今天，而不是 2021 年。纳德拉有足够的理由期待马上就有重要的事情发生了，他骄傲地对外界宣布："这是搜索领域崭新的一天。"

舆论和媒体都很激动。黄仁勋是此次人工智能热潮中热门公司英伟达的创始人，他将 ChatGPT 的出现视作人工智能领域的 iPhone 时刻。黄仁勋指出：ChatGPT 的出现，就像 2007 年苹果公司发布 iPhone 一样重要。众所周知，iPhone 彻底改变了智能手机市场。

躁动也蔓延到了华尔街。美国金融界对科技创新最为敏感的“牛市女王”、方舟投资的创始人凯茜·伍德所带领的研究团队，迅速发表了一篇趋势性研究报告。他们指出：Bing+ChatGPT的出现，导致谷歌的流量份额正在流失，如图1–1。

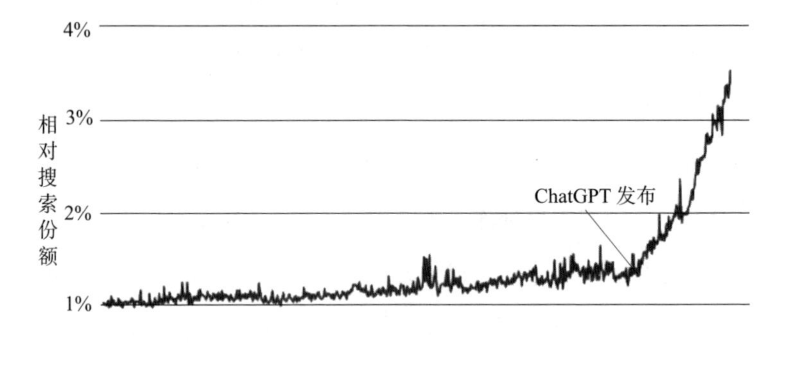

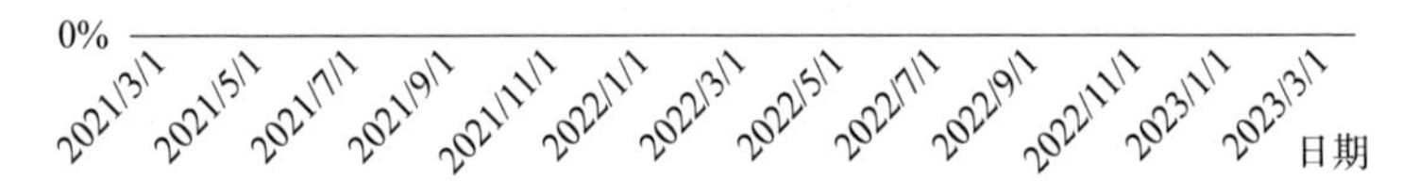

图1–1　Bing+ChatGPT与谷歌的流量份额对比

来源：ARK投资管理有限责任公司，2023年，根据SimilarWeb在2023年3月22日的数据。

注：仅供信息参考，不应被视为投资建议、买卖或持有任何证券或加密货币的推荐。过往表现不代表未来结果。

在这篇名为《OpenAI插件将ChatGPT转变为应用程序平台》的研究文章中，方舟投资的分析师还针对GPT–4模型以及OpenAI将为ChatGPT引入插件一事发表了如下看法。

> 上周，继发布GPT–4后，OpenAI又宣布了ChatGPT的产品扩展，允许聊天机器人与外部数据和服务进行交互。有

了插件，ChatGPT现在可以搜索网络上的实时信息，从DoorDash（美国餐饮外卖公司）订购食品杂货，在Kayak（商旅预订平台）上预订机票、酒店或租车。

简言之，插件已经将ChatGPT转变为一个可以挑战iPhone的应用平台。我们认为，这种创新将扩大ChatGPT的经济潜力，并对谷歌搜索与苹果应用商店的垄断构成竞争威胁。

谷歌的收入，依赖于消费者与企业从一个网站搜索到另一个网站。有了插件，ChatGPT将这个过程颠倒了过来：当ChatGPT发现并提供各种选择时，消费者与企业就会坚持使用ChatGPT。当一个单一资源可以用自然语言对度假计划的细微差别做出价格比较、预订晚餐，并提供完美的偏僻海滩的公寓信息时，人们为什么还要从一个网站跳到另一个网站呢？

这对度假的消费者来说是好事，但对谷歌的搜索流量来说却不是好事。与ChatGPT和Bing相比，谷歌的流量份额已经在下降。有了插件，这种趋势即使不会加速，也可能会继续下去。

ChatGPT可能会与苹果应用商店形成竞争。当通用界面可以在开放的互联网上提供答案时，谁还会需要特殊用途的应用程序呢？换句话说，语言模型变成了操作系统，让公司有办法规避掉苹果15%~30%的平台税。

在我们看来，科技的重心正在迅速转移。语言模型正在以超指数的速度运行，让面向消费者的大科技公司束手无策。

事后看来，方舟投资的这些预测中有不少严重的“言过其实”之处。比如，Bing + ChatGPT 的组合实际上并未真正撼动谷歌搜索的市场份额，甚至可以说，谷歌毫发未伤。

根据 Statcounter（美国的一家网站流量监测机构）的追踪数据：Bing + ChatGPT 发布两个月之后谷歌公司的搜索引擎仍然是全球访问量最大的网站，约占计算机与移动设备搜索量的 93%，而 Bing 则约占 3%。

此外，由研究公司 YipitData 收集并与美国付费阅读媒体 The Information 独家分享的数据显示：自从微软推出新 Bing，在个人电脑浏览器的用户群中，Bing 的全球搜索份额仅增长了约 0.25%。需要说明的是：该数据基于 200 万全球用户的样本，不包括 Bing 聊天机器人不可用的中国。此外，微软曾表示 Bing 的绝大部分使用都通过个人电脑进行，而 YipitData 的这些数据没有反映 Bing 的移动用户情况。

再来看一下谷歌的收入。谷歌公司的核心商业模式主要是搜索广告，但是从 2023 年 7 月谷歌母公司 Alphabet 发布的季度财报看：事实上，该季度 Alphabet 的营收超出预期，随后 Alphabet 的股价大涨了 6%。

此外，ChatGPT 的插件计划也没有成功。2023 年 5 月底，奥尔特曼在接受人工智能公司 Humanloop 的首席执行官拉扎·哈比卜的访谈时谈到了 OpenAI 的未来。尽管这一分享很快就被删除，但根据其他网站的转载，当时奥尔特曼提到了如下重要信息：

“ChatGPT 不会很快发布后续插件，因为从实际市场情况看，目前插件没有达到产品与市场的契合度。除了浏览，插件的使用情况表明，它们还没有和市场达到最佳的契合点。”

换句话说，ChatGPT 并没有像很多人预期的那样因为插件计划而成为一个超级入口，就更不要说 ChatGPT 和插件计划对谷歌搜索引擎以及苹果应用商店构成实质性的威胁了。

不过，没有人能够否认，方舟投资指出的 ChatGPT 背后的宏大历史意义是对的：历史的曲线，正处在一个“转折点”上。OpenAI 今天的行动，有可能会影响人类遥远未来的命运，无论怎么强调这个时刻的重要性都不为过。

而就在这个时候，在中国的杭州，早在 2022 年 11 月就已经提出了“模型即服务”的阿里，也正在酝酿着一场 AI 的新革命。

第二章　钉钉的产品逻辑与时代机遇

To B 市场的三个关键问题

创立于2014年的钉钉，虽然系出阿里名门，但其团队的前身产品“来往”，却在与微信的竞争中折戟。2014年2月，“来往”的创始人陈航带着团队中的6名研发成员，开始积极地探索在企业通信领域实现新突破的可能性。

当时，虽然中国的企业级软件服务市场上有大量的管理类信息系统，但这些系统都主要聚焦在解决某个业务场景的信息化上，如聚焦在财务、ERP（企业资源计划）、CRM（客户关系管理）领域等，有关公司与组织的在线化和沟通的信息系统寥寥无儿。更加重要的是，当时中国的大量软件是为具备一定规模的企业服务的，市场上并没有一款可以实时满足中小企业迫切需求的工具。

2015 年 1 月，钉钉发布 1.1.0 测试版。在钉钉的发布会上，当陈航通过钉钉向台下的每个观众拨打了一个 DING 电话时，全场鸦雀无声，继而是举座震惊。用钉钉的初始共创客户杭州鑫蜂维创始人史楠的话说，钉钉作为阿里旗下一款专门解决中国企业移动沟通与协同问题的多端平台产品，实现了中国移动互联网与企业级通信网络的第一次连接。

这个时候，移动互联网正在中国大地上快速崛起。这股龙卷风，始于 2007 年 1 月 9 日。当时，苹果公司发布了第一款 iPhone，随后的 2008 年，苹果与谷歌相继推出了应用程序商店。从那一年的年底开始，iOS 和安卓系统迅速占领了世界范围内的手机市场。

如果问经历了快速成长的钉钉抓住过哪些时代机遇，那么移动化浪潮就是其第一次机遇——2014 年前后，中国的移动互联网高速发展，移动互联网的用户量大幅超越了宽带互联网的用户量。与此同时，中国的移动互联网流量大幅攀升。在 2015 年到 2020 年的这 5 年间，钉钉牢牢抓住移动化机遇，围绕着中国企业管理的需求升级迭代产品，快速完成了 3 亿用户的积累。

事后回过头去看，钉钉继承了“来往”的“衣钵”——从即时通信切入企业移动办公通信——这一点至关重要。因为即时通信是通用的诉求，几乎可以广泛地打到所有企业级客户的痛点。

而此后，钉钉推出的三个功能——免费电话、DING 消息、已读未读，是钉钉切入企业级服务软件之后能够生存下来的关键。之后，钉钉又有了 OA（办公自动化）、音视频会议、钉盘等功能，实现了多人协同，这是第二波。

在中国市场，钉钉团队素来以“强执行力”著称。2020 年 3 月 31 日，钉钉的用户量突飞猛进到了 3 亿规模。这意味着，平均 4~5 个中国人中，就有一个人在使用钉钉。

而就在这一年的 12 月，大洋彼岸发生了一件震惊全球企业级软件服务市场的大事。

2020 年 12 月，全球云计算和 SaaS 的先驱 Salesforce 宣布将以 277 亿美元收购美国的企业级移动社交应用 Slack。

令人吃惊的是 Salesforce 的收购价格——277 亿美元。这不仅是 Slack 2021 年预估收入的约 25 倍，也相当于 Slack（比交易传闻传出时的股价）溢价了 15% 以上。此外，这也是 Salesforce 公司历史上规模最大的一次收购。这就出现了一个问题：Salesforce 为什么要收购 Slack 呢？

原因有很多。其中一个重要原因是 Salesforce 的联合创始人兼首席执行官马克·贝尼奥夫的脑海中，十多年来一直有一个模模糊糊的愿景：他想要一个类似于“Salesforce+ 社交网络”的东西。Slack 加上 Salesforce 正是这样一个东西。

需要注意的是：此时在美国如日中天的 Slack 与钉钉一样，

都洋溢着某种新的时代的气息。这一时代的特征，可以简单归结为——“沟通即协同，协同即业务，沟通即业务”。

换句话说，同样生长于移动浪潮之上的办公协同软件 Slack 与钉钉，不可避免地撞到了一起。不过，到底是先有“沟通”还是先有“业务”，美国市场与中国市场事实上给出了完全不一样的答案。

因为贝尼奥夫脑海中“Salesforce+ 社交网络”的概念，是当时美国市场上的新东西，而在中国市场上，这个概念的底层逻辑其实是“社交网络 +Salesforce”。譬如在中国业界，广泛流传着这样一种说法：中国互联网的 C 端流量在经过了 2000 年之后十几年的群雄争霸之后，已经几无可去，因此只能往各大科技公司都未曾征战的处女地——B 端挺进。钉钉就是其中的代表之一。而关于到底是先有 B 端特征的“业务”还是先有 C 端特征的“沟通”，两个国家的市场给出了不同答案，这也正好说明了美国市场与中国市场的差异。

首先，美国只有 3 亿多人口，无论如何都称不上一个流量大国，但却是一个当之无愧的全球企业级服务大国。

让我们来看一组数据。根据 Crunchbase（美国的一家企业服务数据库公司）在 2018 年 11 月公布的一组数据：当年截至 10 月底，中国初创企业获得的总风险投资规模，在全球独占鳌头。但在一个关键的领域，中国的表现却不是这样，这个领域就是——软件即服务。

事实上，在中国市场2018年的风险投资中，几个规模最大的交易几乎都涉及了消费级应用和服务，而没有太多的SaaS初创公司获得融资。Crunchbase列出的数据如图2-1。

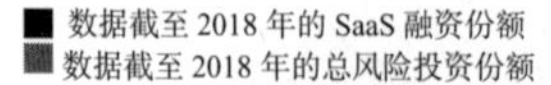

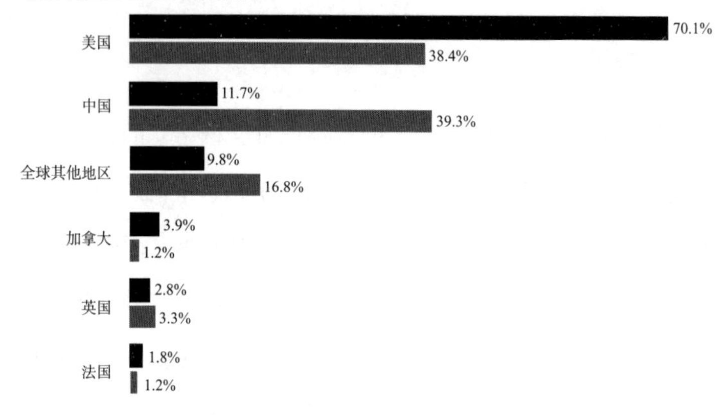

注：基于Crunchbase报告的数据，数据截至2018年10月。

图2-1　各国SaaS融资差异

在2018年，截至当年10月，中国的风险投资总额占到了全球风险投资总额的39.3%，美国的这一数据为38.4%。这说明，两个国家的风险投资规模其实差不多。但是如果仅仅看SaaS赛道的话，那么美国的SaaS初创公司获得的总融资额约占到了美国总初创公司融资额的70.1%。相比之下，中国只有11.7%。

两者称不上匹配，甚至都谈不上接近。

而当衡量指标变为1亿美元以上的超大轮融资交易时，这种反差就更加明显了。在2018年，截至当年10月，美国总共发生了至少15起超大轮级别的SaaS融资，中国只有3家SaaS公司和4个融资轮的规模超过了亿元级别。

中国是世界第二大经济体，在SaaS赛道的投融资活动却寥寥无几，这也让美国的科技界大为吃惊。

不过，风险投资瞄准的是机会，如果中国市场缺乏SaaS公司成长的土壤，那么风险投资的钱再多也难做“无米之炊”。2023年7月，一篇只有2500多字的小文章，刷爆了中国创投界的朋友圈。这篇文章名叫《中国不需要SaaS》，作者“暴风烈酒”开头的两句话就直戳痛点：

“当一个行业很多年都起不来的时候，就不再需要分析为什么起不来。中国的SaaS从2015年开始，到现在8年了，依然做一家亏一家，没有一家过得好。这样的行业还有什么好投的？”

言下之意是：中国的To B市场根本无法与美国类比。这篇文章深深戳中了中国SaaS创业公司与创业者的心。事实上，不要说运行在云上、产品与商业模式都高度标准化的SaaS公司，即便是在中国发展了20多年的软件公司，也面临着同样的困境。

这个困境就是：中国软件厂商始终受限于“1亿元天花板”——大部分软件公司在营收达到了1亿~2亿元之后，就会面临业绩增长停滞这个问题。很少有软件厂商能够突破这一天花板，继续保持高增长。

经过长期的观察，钉钉发现了中国To B市场发展的三个关键问题。

第一个问题是，软件的使用频率非常低。对于一个企业级服务软件，客户公司可能一个月就使用 1~2 次，下次再使用时，甚至都忘了怎么用。企业决策者对软件价值的感知度非常低。

第二个问题是，中国所有的 To B 企业都在做项目，交付与维护让整个软件周期变得无比冗长。软件公司在早期营收从几十万元到上千万元的阶段发展非常快，但是到了 1 亿元营收规模时，各种管理、销售、交付，甚至是客户定制的问题就出来了。结果之一就是，企业只能不停地堆人，而这也导致软件企业的管理成本越来越高，限制了企业自身的发展。

第三个问题是，中国企业使用软件的学习成本极高，需要的服务不光是培训，还有定制、修改、维护新功能等多个环节，销售服务需要贯穿到企业客户的整个使用过程中。

上述因素，共同构成了中国 To B 市场发展的困境：一方面，从客户的角度出发，客户对软件服务的感知度差；另一方面，从软件企业的角度出发，软件公司已经被现有的服务成本压得喘不过气，也就无法再进一步提升服务水平了。

与此同时，让我们来简单回顾一下美国科技发展史上的一段历史。

在 2009—2019 年间，美国的企业级软件市场有一条非常重要的主线，那就是：由云计算带来的技术采购的分散化，以及 SaaS 商业模式被验证。

这个十年，是 Salesforce 成立后的第二个十年，也是 Salesforce

公司股价腾飞的时间。实际上，Salesforce 的股价就是从 2009 年 6 月开始腾飞的。在此之前，美国的企业级软件市场很大一部分都由微软公司垄断。

这种垄断很难打破，因为微软的客户群主要是大公司，每家大公司里都有一个叫“CIO”（首席信息官）的角色来负责公司的技术采购。由于没有一个 CIO 是生活在“真空”中的，他一旦采购了微软堆栈的某些产品，一般来说就会倾向于继续采购微软的其他产品，否则会产生巨大的维护和服务成本。因为从更少的供应商那里购买，一定比从更多的供应商那里购买好。

然而，两个技术革命的出现，打破了微软的这种垄断。

第一个技术革命是云计算，第二个技术革命就是移动浪潮。2008 年，苹果与谷歌公司相继推出了应用商店，从那一年的年底开始，iOS 和安卓系统开始占领世界范围内的手机市场。这意味着云计算在移动设备的帮助下破坏了微软的集成策略。

由于“云 + 移动设备”构成了极具破坏性的技术颠覆——解放了公司 CIO 的维护与支持成本，技术采购得以从之前围绕“人”的因素展开的采购流程，转变成了移动应用商店里的一个个软件。

由于“人”的因素在很大程度上被剔除，从这个时候开始，美国每家公司不同业务部门的领导，都纷纷开始自己选择最适合自己团队的工具，而不是像过去那样统一地、自上而下地由 CIO 来采购一个软件。

也是在这个十年，美国进入了SaaS公司的“黄金十年”——2009年到2019年这十年间，大量的SaaS供应商如雨后春笋般涌现。而在这期间崛起的公司之中，就有一家以CRM起家的公司—— Salesforce。

实际上在Salesforce之前，美国在CRM领域另有一家王者公司—— Siebel Systems（希柏系统软件公司）。可由于互联网泡沫破裂，Siebel Systems被打得落花流水。此时Salesforce开始向世界交付真正具有颠覆性的产品——软件即服务，由于有技术上的突破，Salesforce使CRM能够为一大批中小企业所用。而这些企业，本来永远也买不起Siebel那么贵的内部安装软件。

也就是说，Salesforce实际上具有商业模式上的优势，这是它在技术上取得了突破而带来的，并且这种商业模式上的优势也是Salesforce的最大增长优势。

不过，随着时间的推移，Salesforce的这种优势逐渐消失了：所有的企业软件，要么已经在云上，要么在迅速地转向云。而当Salesforce的核心业务增长机会慢慢减少，它的营收增速也受到了影响，进而影响了它的股价表现。

为了保持业绩和股价的增长，Salesforce想出了一个策略：通过不断收购的方式把其他不同领域的软件公司收入囊中，以向新的软件领域拓展。这也是为什么今天再看以CRM起家的Salesforce，它其实早已经超出了“销售生产力”的根基。

从1999年成立起到2020年的这20年间，Salesforce公司总共做了 66 起收购。其中，在 2009—2020 的第二个十年里，Salesforce 就做了 60 起收购，约占公司所有收购交易的 91%。而其中规模最大的一起收购，就是 2021 年 7 月 Salesforce 以 277 亿美元拿下了 Slack。

不过，相较于美国作为全球企业级服务大国的独特优势，中国也有着自己的优势，那就是中国有着美国难以匹敌的 14 亿人口。这意味着中国是全球当之无愧的流量大国。

换句话说，美国与中国，一个代表了 To B 服务的极致，一个代表了 To C 服务的极致。当 2020 年疫情突然成为“黑天鹅”并幻化为一种催化剂，大幅刺激了公司与组织的“在线办公”与“降本增效”时，同样生长于移动浪潮之上的办公协同软件 Slack 与钉钉，不可避免地撞到了一起。

事实上，大洋彼岸的 Slack 也正是由于移动技术的出现和发展，而快速成了美国历史上发展最快的 SaaS 公司。

巧合的是，Slack 作为美国的顶级 SaaS 公司，其诞生时间与钉钉惊人地相似。Slack 在 2013 年推出预览版后，于 2014 年 2 月正式发布。10 个月后，钉钉横空出世。两者最初的目标，都是解决中小企业的沟通问题。

不同的是，Slack 乍一推出，就成了当时美国发展最快的企业级软件公司，并且 Slack 的定位是——消灭电子邮件。与中国作为人口大国用于沟通的数字基础设施主要是即时通信软件不同，美国用于沟通的数字基础设施则主要是电子邮箱。

可以说，Slack 创造了一系列 SaaS 公司的奇迹，仅仅用了 8 个月时间，就成为“独角兽”公司。在 2015—2016 年间，美国几乎所有创投圈的人都在讨论为什么 Slack 能够快速成功。

其中，独立观察家、Fileboard 公司市场与产品发展总监萨蒂亚·范·休曼提供了一个独特的视角。他认为，Slack 的秘密武器正是它出色的商业模式。

根据休曼的说法，一开始他其实不喜欢 Slack，因为 Slack 就像一条条连续的信息流，你必须时刻关注，否则就很容易漏掉信息。这让敏感和善于分析的休曼感到紧张而且容易分心。不过，休曼很快就意识到，这可能也正是 Slack 的魅力。

因为本质上，Slack 的商业模式是以团队成员之间的历史消息为基础的。根据 Slack 的设定，可免费搜索的极限（以及可见极限）是 10000 条信息，你不需要付费就能查看并找回这 10000 条历史消息。

但是如果你没有付费，除此之外就无法再看到别人的对话了。这很容易就产生社交孤立，并进而升级为一种办公室里的压力。因为当你不理解信息的上下文时，就无法参与到同事的对话中。

而与此同时，你一旦开始时刻关注 Slack，很快就会上瘾——事实上，无论是半夜、周末、休假时，或是在老婆工作时，休曼的同事都在刷 Slack。在美国市场，Slack 基本上已经成为与电子邮箱、脸书以及 Whatsapp 相同水平的东西了。

而随着这样的循环，Slack 上的信息越来越多，并且每周都在快速增加。不可避免地，Slack 开始成为公司和公司文化的一部分。然后，老板们意识到自己需要付钱了。

休曼一针见血地指出，这正是驱动 Slack 快速成功的秘密武器——你公司里的人越多，你的 Slack 就会越快达到 10000 条的信息极限。于是，为防止公司内部沟通与企业文化的失败，小创业公司的老板们开始为 Slack 付费。

那么，为什么同属于连续信息流的推特就不会给人这种压力呢？因为推特关注的是个人，而 Slack 关注的则是公司，错过了推特上的信息无关紧要，但如果错过了 Slack 上的信息，你错过的就是工作，以及极有可能与你晋升机会有关的很多信息。

实际上，休曼的分析也一针见血地指出了此前 Slack 的一些替代性产品都没有发展起来的原因。

比如 Yammer、Campfire、Hipchat 以及 Skype，它们都没有像 Slack 这样让人上瘾。这些软件要么实行嵌套评论，要么没有信息限制，用户不用时时刻刻查看，甚至即便是在几年之后，也依然能够参与其中。它们既产生不了社交孤立，也产生不了上瘾效应。

所以，尽管 Slack 的商业模式很简单，基本就是“免费 + 增值订阅”（Slack 也有针对大企业的直接销售团队），但是其成长速度相当惊人。根据 Slack 在 2019 年 6 月上市之前提交给美国证券交易委员会文件中披露的数据，Slack 经历了这样的成长过程：

2017 年，年营收为 1.052 亿美元；

2018 年，年营收为 2.205 亿美元（增速约为 110%）；

2019 年，年营收为 4.006 亿美元（增速约为 82%）。

2019 年 6 月 Slack 上市，上市第一天收盘价为 38.62 美元，市值达到了 195 亿美元，几乎是其在私人市场 70 亿美元估值的 2.8 倍。

也就是说，在 2017—2019 年间，Slack 在 ARR（年度经常性收入）达到 1 亿美元时，其增速仍然高达 110% 和 82%。而在 2019 年 6 月就已经突破了 2 亿用户规模的钉钉，还一直徘徊在商业化的大门之外，找寻着属于自己的独特商业模式。

从规模优先转向做深价值

叶军于 2020 年 9 月调任钉钉负责人后，面临着钉钉历史上一个重要的转折点。

2020 年初，疫情突如其来。疫情导致的在家学习和办公，客观上也使钉钉迎来了第二次机遇，从 2020 年 3 月底至 2021 年 1 月中旬，短短 9 个月之间，钉钉的用户数从 3 亿冲到了 4 亿。但是潮水般涌入的用户，让当时的钉钉既兴奋又不安：这是暂时的狂热，还是钉钉真正的成功？

用户增长得如此迅猛，成功看似已经近在眼前。你可以把它比喻为水压：新的用户就像流水一样在网上涌动。一群群的人涌进来，他们要找点事情来做。但仔细分析钉钉的流量数据就会发现：有些用户来得快、去得也快；还有一些公司用户，它们会从钉钉换到别的平台，又会从别的平台再换回钉钉，来来回回地折腾。

问题出在哪儿呢？它们为什么要换平台？经过调查，钉钉团队发现，本质上有两个原因：第一，钉钉的价值做得不够深，导致用户迁移起来很容易；第二，钉钉的服务不够好。

换句话说，钉钉虽然规模很大，但是价值单薄——所提供的基本上就是打卡、开会和上网课这些价值。

数据也证明了这一点，到了疫情缓解的2020年下半年，钉钉暴涨的日活数已经快速下降，在不到6个月的时间里，日活数从疫情高峰时期的1.5亿，降到了最低时期的6000多万。

这个时候，钉钉用户数引发的外部狂热与钉钉内部冷静的反思，形成了鲜明的对比，这种反差在冬天达到了极致。整个2021年，钉钉内部围绕着“规模与价值”进行了大讨论，讨论最激烈的点在于：钉钉到底是要规模，还是要价值？

叶军是学物理学出身的，他提出了一个观点：To B业务的第一性原理是“解决问题”。

从理论上讲，“第一性原理”要求主体深入挖掘，直到只剩下基本事实。两千多年前，第一个将知识分门别类并著有《物理学》一书的古希腊哲学家亚里士多德提出并定义了“第一性原理”——认识事物的第一个基础。它要求主体“像科学家一样思考”。科学家不做任何假设，从这样的问题开始：我们绝对确定什么是真的？我们已经证明了什么？

硅谷的企业家埃隆·马斯克，则是真正把第一性原理身体力行并传播到世界各地的人。他在获得沃顿商学院热门的经济学学士学位后，又留校一年攻读了物理学学士学位。当被问到为什么学物理学时，马斯克提到了他特别推崇的“第一性原理”。他在接受 TED 主持人的采访时说：“第一性原理的思维方式，是从物理学的角度看待世界。也就是说，一层层拨开事物的表象，看到里面的本质，再从本质一层层往上走。”

换句话说，能够解决问题，才是 To B 行业的客户所需要的真正价值。

本质上，规模其实不是一个问题，真正重要的是时机。在 2020 年底，钉钉已经有 4 亿用户量。有了这样庞大的用户基数，钉钉已经不能再单纯地追求规模指标了，需要尽快回到 To B 业务的本质上来。

这次大讨论的结论影响深远。最终，钉钉内部达成了一个共识：钉钉今天要的规模，不再是以前的规模，而是“高质量的增长”。换句话说，钉钉的战略目标要从原来单一的规模指标转变为价值指标。这也奠定了钉钉新的策略基础——从优先规模，转向把价值做深。

如何把钉钉的价值做深？这成了摆在钉钉团队面前的第一道难题。而这个难题本质上是：一款拥有 To C 用户量级的 To B 产品，究竟该如何回归到 To B 价值的本源，帮助千行百业解决实际问题。

在确立了价值转向之后，钉钉定下的第一个目标是：做大客户。

当时的一些迹象已经显示了大客户战略的合理性。例如，钉钉团队在仔细分析流量数据与调研后发现，那些被疫情冲进来且留下来的用户中，不少是在疫情期间开始自发使用钉钉的大公司人员。钉钉团队后来复盘：这些大公司本可能会自建产品，但由于疫情来得太突然，钉钉便成了它们马上就可以使用的“挪亚方舟”。

这些用户之所以留下来，背后一个可能的逻辑是：就像在遭遇“黑天鹅”事件时，自由职业者往往是联合办公空间第一批逃离的客户群。换句话说，小公司通常人少、工种相对简单、管理灵活，对其而言市场上可替代性的软件产品多，数字资产迁移起来也方便，而大公司一旦有了很多数字资产的沉淀，就没那么容易迁移了。

不过，钉钉历史上曾经有一个根深蒂固的信仰，那就是要服务中小客户。它脱胎于“来往”。而阿里过去也相信，大公司既有人又有钱，想要什么都可以自己做，真正需要阿里的是中国的中小企业，“让天下没有难做的生意”的关键，就是要解决中小企业的问题。

为此，钉钉甚至失去过一些客户。比如 2018 年，阿里曾参与投资的造车新势力小鹏汽车需要一些定制化的东西。定制化原本是大公司客户的常见行为，但当时的钉钉没有能力承接这类额外的开发工作，小鹏汽车最后弃用了钉钉，转投飞书。

也就是说，要让这些大公司客户长久地留下来并更好地服务它们，钉钉需要马上建立起一整套服务大客户的组织体系并培养相应的能力。

为推进大客户目标，钉钉制定了如下策略：第一，要先稳住钉钉的基本盘，保证钉钉上的中小客户基数仍然呈增长态势；第二，在此基础之上，有意识地开始沉淀服务大客户的能力。钉钉必须用以上“两条腿”同时走路，并做好新客户群与旧客户群之间的平衡。

事后回过头去看，这可能是钉钉内部压力最大的一段时间。因为考验这个团队的，首先是新钉钉内部的组织挑战。

过去，钉钉在阿里内部有“疯人院”之称。创业是一个从0到1的过程，钉钉团队的结构非常内聚。此外，创业团队往往是创始人人格的外化，有自己的文化烙印和习惯。创业团队在一起六七年的时间，成员有较高的忠诚度。这个忠诚度，可能比把事情做对更重要。

制定新的策略后，创业团队内部开始出现分歧，一些对战略方向不认同的人，很快就离开了。而另外一些人，则一起经历着做大客户战略的漫长周期。

虽然单纯从时间上来看才几个月，但相对于To C思路可以快速地获得反馈，大客户战略日夜施压的App日活、月活指标，这段时间都显得过于漫长和难耐了。

需要注意的是，服务大客户的过程环环相扣，周期复杂而漫长：前期，钉钉团队需要梳理客户需求、给客户做咨询；中期，钉钉团队需要交付；后期，钉钉团队还需要持续服务。过去，钉钉与中小企业共创产品，疫情期间，钉钉又把重兵投在了教育、复工复产等项目，因此大客户的刚需产品——文档、音视频、会议、项目管理这些，还需要进一步打磨。

“大客户需要很长一段时间的服务才能够有价值。短时间内，这种价值既不能用收入来证明，也不能用日活来证明。客户满意吗？客户也不可能一两天就满意。因此，证明服务大客户的价值的周期比较长。”叶军指出。

到了2021年9月，钉钉团队实现了两个突破。

第一个突破是，用户量持续从4亿突破到了5亿。在这之前的2020年3月到2021年1月中旬，钉钉用了9个月时间，使用户量从3亿增长到4亿；用户量从4亿增长到5亿，同样用了9个月时间。但是前一个阶段，主要是因为居家学习和办公的数字化红利，而后一个阶段，则是钉钉在红利衰退期中持续保持高速增长，难度更大。这也体现了钉钉“先稳住钉钉基本盘，保证中小客户的基数仍然在增长”的策略得到了稳步推进。

第二个突破则是，“沉淀服务大客户的能力，在新客群与旧客群之间做好平衡”的策略也正在被稳定地推进。

2022年春天，钉钉开始着手做大客户战略。首先，钉钉组建了一个专门针对大企业客户的团队。然后，这个团队挑选了1000家5000人以上的超大型企业作为重点服务的潜在客户。他们定期拜访客户，听取客户需求和建议，并及时地做出响应。

另一方面，钉钉做大客户也意味着其需要有面向大客户的机制。在这方面，钉钉向阿里云学习，组建了面向大企业客户的一整套组织体系，从最前线的BD（商务拓展）开始，包括SA（客户经理）、PDSA（解决方案架构师）、销售管理、产品管理，还有服务商生态管理团队，用生态去服务客户。

需要注意的是，这套组织体系与钉钉原来的团队结构完全不同。

在接手钉钉之前，叶军是阿里企业智能事业部的负责人。这个部门实际上是阿里的企业信息化部门，因此，这个部门的负责人也相当于阿里的首席信息官。从全球语境来讲，首席信息官是指负责管理和成功运行公司信息与计算机技术系统的高级管理人员，这个角色必须能够敏捷、快速地响应趋势变化和组织、员工及其服务对象的需求。

也就是说，在信息化方面服务好阿里这个"大客户"，曾经是叶军的长期职责。而现在，他带领团队把这一套对内的服务经验和体系，用在了对外部大客户公司的支持上。

在此之前，这套经验已经对外实践过一次。那是在2020年疫情期间，叶军带领阿里企业智能事业部的团队开发了供浙江省政府使用的"浙政钉"等大型定制化钉钉。

"浙政钉"是钉钉上最大的一个组织，截至2022年注册用户数达180万，日活率达84%。叶军在做"浙政钉"的过程中，也把这些项目组织和项目经验沉淀成了一个产品团队。

在这个过程中，钉钉的组织架构经历了分拆和合并，把之前分拆的开放平台、生态陆续合并，又把音视频、文档、邮箱、Teambition 等团队也合拢到一起。“本质上，我们是在做统一思想的工作，最后，要把方向统一。团队合并、目标统一、业务策略清晰，这样组织才能够高效敏捷地往前走。”叶军说。

在这两个突破之上，到了 2022 年上半年，钉钉完成了几件至关重要的事情。

第一件事是，反复统一团队的认知：有价值的日活才是 To B 业务的根本，没有价值的日活再高也没有用。一个在钉钉广为人知的例子是，钉钉在追求规模的时期，甚至会向跳广场舞的阿姨推广产品。但是显然，她们不是 To B 产品的真正目标用户。

第二件事是，重新确定钉钉的衡量指标。

这件事非常重要。过去，钉钉的衡量指标很简单，只有一个维度，那就是一切围绕用户量来。这是一种 To C 的打法。但从 2021 年 9 月开始，钉钉围绕“企业客户”这一中心来衡量数据。首先确定的两个衡量指标是“日活企业数”与“企业月活跃软件数”。

其中，“日活企业数”是指，每天至少有 1/3 的人使用钉钉、至少使用 6 个业务系统的企业数；而“企业月活跃软件数”则是指，每个企业在钉钉上活跃使用的软件数量——数量越多，说明钉钉给企业提供的价值越深，也就说明了钉钉的护城河越深，越难以被替代。

前者考验的是钉钉的黏性，后者考验的则是钉钉对于企业客户的价值。

在新目标的鼓舞和激励下，钉钉团队有很多业务创新。钉钉团队在 2021 年夏天发布的“钉工牌”就是一个非常成功的业务创新案例。

“钉工牌”生长在钉钉应用的内部，是一个完全替代了实体工牌的数字工牌，在钉钉右上角的“+”下呈现，形式是一个二维码。员工们可以用它来刷门禁、进食堂买饭。而钉钉与办公楼附近的很多奶茶品牌、汉堡王等都有合作，这也意味着：只要员工们出示钉工牌，就可以拿到折扣，所以很快他们都开始用钉钉吃饭，一些平时不使用钉钉的场景被激发了。

反过来，这些由业务创新带来的价值增值，也给楼宇周围的商铺带来了更多消费者。

钉钉内部的数据显示：跟钉钉合作钉工牌的企业，只要使用了钉工牌，激活数就几乎翻倍。正是因为钉工牌为企业员工创造了福利与便利，这个创新业务在公司内部推广起来也很受欢迎。

2022 年上半年钉钉完成的第三件事，就是钉钉的大客户战略。

在 2021 年下半年到 2022 年上半年期间，该战略的价值得到了密集体现：过去，个人用户来来去去，而大客户战略不仅给钉钉带来了可观的新增日活，而且日活数只涨不跌，钉钉客户组织内的使用人数、平均使用时长、使用应用的数量都在稳步上升。

根据第三方机构 QuestMobile（北京贵士信息科技有限公司）的数据：2022 年 8 月，钉钉的月活用户数为 2.05 亿，是钉钉暑期的历史最高值。过去一到暑期，由于上网课的学生少了，钉钉的活跃用户数就会下跌。

而到了 2022 年 9 月，大客户的价值被进一步证明。

钉钉上 2000 人以上的大企业组织，为钉钉贡献了近 1/3 的活跃度。两年来，钉钉上 100 万人以上、10 万人以上、1 万人以上的企业组织数量，均增长了 1 倍以上。这个时候，钉钉上员工人数达到 100 万以上的企业组织已经超过了 30 家，员工人数 10 万以上的企业组织已经超过了 600 家。

此外，过去没能留住小鹏汽车的钉钉，现在也有了接住更大公司的需求的能力。2022 年春天，在一家头部动力电池厂商的竞标中，钉钉派驻的打单人员少于竞争对手，但还是拿下了这个客户，为钉钉带来了每年千万元级的收入。

客观地说，钉钉启动大客户战略的时间晚于竞争对手。但叶军认为，钉钉的优点之一就是有更加纯粹的乙方思维、更懂 To B 行业。这也和阿里的 To B 根基有关。

叶军指出："做 To B 就是要尊重每个行业的认知。我们没有把阿里的工作方式推荐给客户，这是客户很认可我们的一点。你不能说你厉害，就教别人做事。比如客户有自己的文档，那么我们就集成客户的，不用我们的。”

而第四件事，就是钉钉自 2021 年初开始推进的低代码革命。

应该重点指出的是，这场始于 2021 年春天的“低代码革命”，大幅活跃了新钉钉的两个衡量指标——“日活企业数”和“企业月活跃软件数”。事实上，也正是这场“低代码革命”，让钉钉上的软件数量开始猛增。

先来回顾一段技术背景：低代码平台是 2020 年全球云服务领域最热门的技术趋势之一，因为云服务实际上分为三层：SaaS、PaaS、IaaS。

而在过去的十几年里，IaaS 一直在往“上”走，提供越来越多的 PaaS 功能。与此同时，SaaS 则在持续地往“下”发展，提供更多的软件开发功能，以让普通用户也可以定制和构建 SaaS 应用。这就诞生了下面第 4 个和第 5 个解决方案：aPaaS（应用程序平台即服务）、HpaPaaS（高生产力应用平台即服务）。

以上两个解决方案，对不需要学习写代码的新一代“小白开发者”特别有用。其中，HpaPaaS 又是 aPaaS 的进一步升级，它增加了“速度”这个维度，因此速度要比 aPaaS 还快，尤其是能让“小白开发者”也有能力快速把想法转为可运行的应用。

图 2–2 清晰地表达了这种世界范围内的技术“移动”。

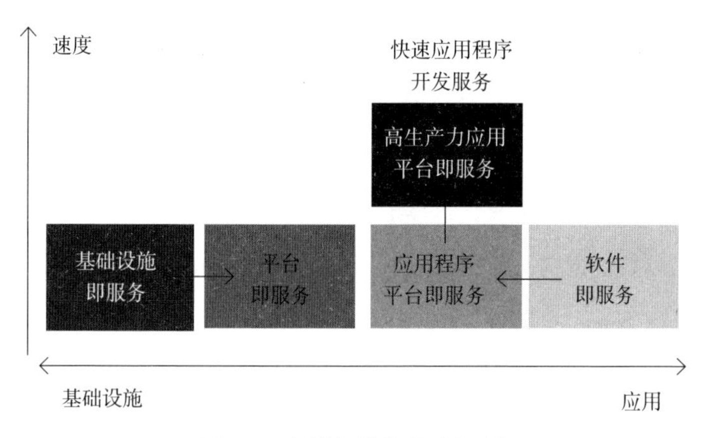

图 2-2　云服务的技术“移动”

2018 年之后，HpaPaaS 被统一改名为“低代码平台”（low code）。

通俗地讲，低代码平台提供了一系列丰富的可视化、图形化应用组件，让不懂 IT 的人也能够轻松“拖拉拽”组件，在 5 分钟之内就可以构建一款专属应用。

根据咨询公司 Gartner 的预测，到 2025 年，低代码应用程序平台将占所有应用程序的 70%，这意味着，2025 年，大多数应用程序将采用低代码平台和工具，由非 IT 人员进行开发。Gartner 报告显示，到 2025 年，全球低代码收入将达到 290 亿美元，复合年增长率超过 20%。

需要注意的是，尽管“低代码”不是钉钉或者阿里的独创，但是可以说，这项技术或者说开发方式在中国的流行离不开钉钉的推广。

2021年1月，在钉钉发布的6.0版本中，阿里的低代码开发工具“宜搭”与钉钉深度融合，升级为“钉钉宜搭”。与此同时，钉钉将低代码应用市场全部对外开放，第三方公司包括国内主流的低代码厂商简道云、氚云等纷纷入驻。

这样的架构，已经与美国市场上的Salesforce的应用商店——AppExchange非常相似。2005年，Salesforce推出了AppExchange，后者之所以有效，就是因为Salesforce为生态伙伴提供了一个开发自己的应用程序并将其向所有Salesforce客户开放的地方。Salesforce将其视为增强公司愿景并扩展功能和服务的最佳机会。

有了低代码平台的助力，钉钉2021年初提出了一个愿景，希望在未来的三年内，钉钉上能够“长出”1000万个钉应用。结果，这一愿景在2023年提前实现。

第三章　PaaS 优先，伙伴优先

钉钉只做一件事

随着钉钉的影响力日渐增长，一些 SaaS 公司也有这样的担心：钉钉将如何“界定”它与生态玩家们的边界？

它们没有安全感。OpenAI 在首届开发者大会上宣布了一系列新功能和计划后，大批的 AI 初创公司灰飞烟灭，SaaS 公司的管理者也担心他们的企业级软件会在钉钉的野蛮生长中一夜之间化为乌有。

钉钉在疫情期间出现了爆发式增长，用户在一年多的时间内迅速增长到了 5 亿，钉钉的 To B 生态已经在中国市场爆发，影响力不容小觑。如果钉钉开始不断推出一个又一个 SaaS，那么行业市场就将重新洗牌。

到了 2021 年底，钉钉上的生态参与方已经非常丰富。这些生态参与方主要包括如下五大类玩家。

第一类是公开售卖的软件开发商 ISV，即 SaaS 公司，钉钉对其收取一定比例的佣金。第二类是钉钉的服务商，这些服务商帮助钉钉做新用户拓展及售卖钉钉的商业化产品，从中获得佣金。不像 To C 行业，To B 行业几乎所有产品都需要服务商去部署、培训和日常运维，这些服务商就帮助钉钉的客户去做这些事情。第三类是钉钉的硬件生态，如智能门禁、智能投屏、音视频会议设备等厂商。第四类是企业咨询类的合作伙伴。第五类则是钉钉应用上的开发者。

2021 年 1 月底，钉钉上已经有 27 万专业开发者。而随着钉钉发布低代码平台以及之后低代码开发的普及，大量满足个性化需求的应用被开发了出来。2021 年 12 月底，钉钉上的开发者数量已经超过了 190 万，低代码应用数量则超过了 240 万。而到了 2023 年 3 月底，钉钉上的应用数已经超过 1000 万，其中低代码应用数超过了 800 万。可以说，自 2021 年以来，因为低代码的普及，钉钉平台上的应用百花齐放，钉钉的生态也飞快成长。

需要注意的是：钉钉生态上玩家的这种担心并非毫无道理。在此前的 2015 年至 2019 年间，钉钉其实在生态方面做过很多探索。

曾经有一段时间，钉钉想做所有的事情。例如，钉钉有一个卖得最好的硬件产品叫“考勤机”，它是一种圆圆的小机器，放在很多大楼的门口。但是钉钉很快发现，当时团队只有500人，只是做硬件，就已经把100多人耗了进去，这样怎么做得过来呢？

钉钉意识到，不可能全部自己做。紧接着，钉钉成立了战投部门，开始做投资，用投资硬件厂商的方式来满足客户的需求。钉钉投了五六家软硬件公司，包括人脸识别硬件厂商魔点科技、智能投屏硬件厂商上海明我等。

但是很快，钉钉又意识到了投资方式的局限性：钱是通用的，市场上的钱其实很多，而且专业的投资公司比钉钉做得更好。于是，钉钉团队又回到了那个老问题上——在钉钉一手创建的生态系统里，钉钉自己应该做什么，又应该放弃什么呢？

实际上，钉钉天然就是一种靠生态成功的模式。在这方面，叶军可能比很多人都领悟得早。

这和他的两段经历有关。第一段经历是，在叶军负责阿里内部信息化时，团队有六七百人，但只是服务阿里一家公司的需求他们都做不过来。而第二段经历，则与和浙江省政府一起做“浙政钉”项目有关。

“浙政钉”是浙江省180多万名公职人员的掌上办公App，也是浙江省政务协同平台，由浙江省政府联合阿里巴巴开发。

叶军在做“浙政钉”的过程中，经历了好几次与客户的共创，朝夕相处地共同战斗，客户们也开始帮他出主意。他们告诉叶军：第一，钉钉应该去做一些最基础的、没有行业化特征或与业务逻辑无关的通用能力，比如低代码。

当时，钉钉上已经有不少第三方低代码公司，如氚云、轻流、简道云等。但由于低代码平台天生就是一个 aPaaS，算是一个典型的与业务逻辑无关的平台，而且低代码的市场非常大，一家公司不可能全部做完，所以钉钉不能放弃做低代码。

第二，如果某个业务对行业有重大的改革意义，钉钉就应该跟进，这样才能加速行业的变革。变革到一定程度之后，钉钉可以再让出来。换句话说，在行业数字化的早期介入，钉钉可以帮助生态更快地形成。

一个例子是农民工的工资发放问题。中国有数以亿计的农民工，尤其在建筑行业，农民工的工资发放问题备受关注。如果钉钉在早期介入，就可以很好地解决三方面的问题。

一方面，通过打卡功能，钉钉可以把农民工每天的出勤数据同步给政府的主管部门；另一方面，农民工每一次出勤都连接到保险公司，这就构成了一个典型的行业化产品。

打卡功能对于农民工非常重要，可以解决农民工劳有所得的问题，还有安全问题等。这是一个行业里需要解决，但以前没办法解决，或者解决起来代价太大的问题。在这种情况下，钉钉也应该介入。这是第三方面。

事后回忆起来，叶军认为："做'浙政钉'这件事对我帮助最大的，就是让我比很多人都更能够接受一个观点：很多事情我其实做不了，我并不是无所不能。这是对我的世界观的最大改变。”

2020 年 9 月来到钉钉时，他很快就察觉到了钉钉在道路选择方面不够清晰的问题。

2021 年春天，当看到钉钉上由低代码构建的应用如雨后春笋般地爆发性增长时，叶军急忙嘱咐团队说：“还是要让生态来，我们该退则退。”但是，真正关键的那个问题其实是如何使道路选择清晰化。这是一个很难又非常重要的决策，并且对于钉钉来说，这个决策一旦正式对外宣布，则几乎不可逆。

也正因为此，有关钉钉在生态系统里的动作，外界仅能够看到的一个关键词是“开放”。外界看到，在经过了早期几年的野蛮生长后，已经站稳了脚跟的钉钉正在变得越来越开放。媒体称，钉钉正在“从一个功能性软件逐渐向平台型的软件过渡”。

当然，这种开放也体现在了钉钉的一系列行动上。

为促进 To B 生态的繁荣，钉钉团队在生态领域做出了一系列大动作。

第一，放开了限制。过去，SaaS 企业在钉钉上开发软件要受到严格的限制：必须考试合格，钉钉指数分要达到 900 分，企业注册必须满两年。后来钉钉把这些限制全都去掉了。

第二，钉钉在 2020 年年底发布了“繁星计划”，面向生态开放了丰富的 API 接口，以让生态具备快速接入钉钉平台的基础能力，满足客户的定制化需求，大幅减少生态伙伴的开发成本。

第三，由于钉钉此时已经是一个亿级的产品，流量非常大，因此它也开始在流量方面做倾斜，给钉钉上做得比较好的一些合作方加大流量的投放。比如 2020 年“双十一”期间，钉钉上已经有好几家生态伙伴的月收入超过了千万元量级，甚至有一两家公司已经在准备上市。这背后，就有钉钉“繁星计划”的支持。

第四，钉钉还把生态伙伴的产品与方案整体打包到了钉钉的解决方案里，钉钉内部称其为“直接推荐”。

由于 To B 行业的特殊性，很多公司突破第一个客户往往都有一个“冷启动”过程，钉钉会把它们带上。钉钉在面对重要客户时，会向重要客户直接推荐它们。

也就是说，钉钉会借助整个前线的行业化销售能力和客群触达能力，把生态伙伴带到客户面前进行方案的路演，从而帮助客户在当地进行快速的本地化落地。这种深入合作的方式，已经非常像微软公司对其生态合作伙伴的扶持。

第五，就是降佣金。为加速生态的繁荣，钉钉还降低了重要合作伙伴的佣金，2021 年把佣金降到了最高 15%，2023 年直接宣布对年 GMV（商品交易总额）低于 50 万元的 ISV 免除所有佣金。

而市场，就像大海一样令人敬畏。随着钉钉团队持续往生态内注入养分，钉钉的生态系统也变得越来越强大。这个时候，钉钉内部的“边界之争”也已经发展到了白热化的地步。

钉钉的“边界之争”当然也和钉钉的商业模式有关。

从 2014 年创业伊始到 2021 年初，钉钉完全靠阿里“供血”。在这 7 年时间里，基于对 To B 行业的深刻理解，钉钉已经帮助中国软件行业找到了“1 亿元天花板”问题的解决方案。

“1 亿元天花板”问题背后有三个主要原因：第一，中国企业使用软件的频率非常低，公司老板对软件价值的感知度低；第二，中国所有的 To B 企业都是项目制，导致软件公司在营收达到 1 亿元时，企业管理成本越来越高，限制了企业自身的发展；第三，中国企业使用软件的学习成本极高，销售服务需要贯穿在企业客户的整个使用过程中。

针对这三点，钉钉专门给出了三条细化的解决路径。

第一条路径是，以高频带低频。

中国其实不缺乏有创新能力的人，但现存的问题是软件公司在做出软件之后没有人用。因此，钉钉通过水平创新，开发出了“酷应用”，让企业客户在不需要跳转的情况下，就可以在同一个页面直接打开各种 SaaS 软件，让企业客户的高频行为，通过即时通信实现的沟通、审批、智能人事等等，来带动低频软件在企业客户中的渗透。

第二条路径是，降低企业客户与软件厂商之间的信任成本。

在中国，通常只有大公司才会买软件，中小企业虽然也有需求，但往往会因为信任一个服务商的信任成本和资金成本等代价巨大而止步。但究其本质，信任成本居高不下的背后其实是在软件交付过程中的定制化问题：客户想稍微改一改软件，但软件厂商不响应，几次下来，信任感就消失了。因此，钉钉通过鼓励软件公司帮助客户用低代码方式满足其定制化需求，使中小企业与 SaaS 软件的信任成本降下来。

第三条路径就是，钉钉用“服务商”帮助 SaaS 企业解决销售服务的问题。

做 SaaS 公司的大部分是初创公司，所以它们没有能力做全国覆盖。一个案例是：杭州一家做 SaaS 的初创公司，通过钉钉得到了线上的北京客户，但由于地理位置的限制，它不能来北京服务，只能开音视频会议。而钉钉在全国各地有 7000 多个当地服务商，这些服务商的主要任务就是帮助钉钉生态上的 SaaS 公司在当地企业客户里做售卖、培训与落地。

创业界有一句经典语录：帮助别人解决了问题，恰当的商业模式就可以在不断的试验与纠错中进化出来。那么，此时体量已经如此庞大的钉钉究竟该如何启动商业化进程呢？

钉钉内部的一种观点是：钉钉如果亲自下场，自己参与做 SaaS，那么不仅能快速获得一部分可控的核心收入，还可以让钉钉掌握多条直达企业客户的关键通道。另一种观点则是：钉钉如果想做大生态，就必须对自己有所克制，包括放弃做 SaaS 的想法。这可能会让钉钉在前期损失一部分核心收入，但是也能够帮钉钉换回更大的想象空间。

钉钉的“边界之争”，本质上也是理念之争。从严格意义上讲，“合作共赢”——参与方共同把一块蛋糕做得越来越大，而不是在一块蛋糕内进行零和博弈——原本不是中国市场最熟悉、最擅长的商业理念。而且，钉钉还是一个全新的事物。这就意味着，钉钉在生态战略这件事上不仅要发明创造，还要冒着极大的风险。

而就在这个时候，一件重要的事情发生了。

2021年，纷享销客的CEO罗旭来钉钉的杭州总部，与叶军详谈了一次。这对曾经在企业级服务领域拼得你死我活的对手，终于迎来了一场历史性的和解。这件事对于钉钉和纷享销客都有重要的意义。

一开始，纷享销客做的业务是企业级“IM+OA+CRM”，而钉钉则主要做“IM+OA”。双方抢夺的是企业级服务领域的同一片战略高地。

9年前，两者曾经掀起了一场铺天盖地的广告大战。2015年国庆节与2016年春节两个黄金周，钉钉与纷享销客同时在地铁、出租车、机场、高铁、商业楼宇、平面媒体及主流门户新闻客户端等媒体平台，开启了全方位的广告轰炸。在这场激战中，钉钉豪掷了5亿元，纷享销客也耗费了上亿元。

罗旭曾经在杭州湖畔花园见过钉钉当时的CEO陈航。陈航建议纷享销客加入钉钉做钉钉的ISV，砍掉IM与OA功能，由钉钉来负责做通信和平台。但提议被罗旭拒绝了，因为“不想成为附属品”。2016年3月，罗旭将“纷享销客”改名为“纷享逍客”，其定位从CRM平台转变为移动办公平台，摆出要跟钉钉一决高下的姿态。

然而，钉钉抓住了移动时代的红利，快速地将用户从 PC 端抢到了移动端。此时，“纷享逍客”70%~80% 的客户都转到了钉钉上。客户增长的停滞，加上巨大的广告资金消耗，拖垮了“纷享逍客”。它在和钉钉的大战中惨败。

经历了巨大的起起落落，纷享销客与钉钉都发生了不小的变化。罗旭将公司名改回“纷享销客”，定位为连接型的 CRM 平台。经过 4 年的时间，纷享销客重新成为中大型企业市场 CRM 领域的领军企业。钉钉则经历了换帅。

在叶军与罗旭的这次谈话中，钉钉与纷享销客重新找到了合作的契机。叶军向罗旭表示，钉钉不会再做 CRM，纷享销客可以在钉钉平台上专注于做自己面向中大型企业的 CRM。CRM 恰恰是钉钉所不擅长的，双方可以产生很好的互补作用。

当日，纷享销客确定接入钉钉的平台。至今，双方一直保持着密切的沟通和合作。

而这场和解，也成了一个标志性事件。由此，钉钉进一步明确了自己的能力边界——不再自己下场，而只是专注于做 PaaS。与此同时，钉钉还要培养、支撑和服务这些 SaaS 厂商，由 SaaS 厂商在钉钉上直接给企业客户提供服务。

也就是说，过去，钉钉是一个效率工具，专门针对在线企业级的沟通，提供企业级客户所需要的最基础的通用功能，例如审批、智能人事、考勤等。但现在，钉钉要在此基础上再叠加一个应用开发平台，让自己成为 PaaS 平台。

需要注意的是：所谓 PaaS 是指一个完整的云环境，包括了从服务器、操作系统，到所有的网络、存储、中间件、工具等这些由开发人员构建、运行和管理应用所需要的一切。

这几年，PaaS 模式在海外很流行，主要就是因为程序员们希望专注于代码，不想涉及构建与维护基础设施。比如在美国，PaaS 模式已经运行得很好，像亚马逊、微软、谷歌等云计算公司的 IaaS 巨头，同时也都是 PaaS 领域的重量级玩家。

但是在中国，还没有真正的 PaaS 模式。而这也正是钉钉的机会——假如钉钉能够通过做 PaaS，带动起整个中国的企业级服务生态，让中国的软件创造者们能更容易地创造软件，更容易地获得客户的高频使用入口，经常性地触达客户，让他们从原来做项目的模式走向另外一种全新的模式，那么这将是钉钉对于中国企业级服务领域的最大价值。

2022 年 3 月 22 日，钉钉召开了 2022 年生态大会，正式对外宣布了自己的生态战略，战略命名为“PaaS First Partner First”（“Paas 优先，伙伴优先”）。

显然，这也代表着钉钉在 To B 产业互联网的战场发出了新进军令的信号。同是在这一天的发布会上，钉钉向生态伙伴们官宣了自己的边界——钉钉将只做一件事，那就是 PaaS 化。

也就是说，钉钉将只做钉钉产品的基础能力与基础产品，并将这些能力与产品作为底座，开放给生态伙伴。

具体而言，钉钉会保持协同办公与应用开发平台的定位不变，继续投入战略做文档、音视频、项目、会议等基础性产品，而将其他产品全部交由生态来做，包括行业应用、人财物产供销研等场景的专业应用等。与此同时，钉钉会将硬件全面生态化。

不过，钉钉的“PaaS 化”其实是一个分阶段逐步实行的过程。

第一步是 2021 年 1 月，钉钉提出“低代码（aPaaS）革命”。不过，随着业务数字化的推进，低代码已经不能够解决应用被高频使用和应用之间互相连接的问题，无法满足各行各业更加深入的业务数字化需求。

一个新的问题又凸显了出来：那么，究竟该如何解决应用之间的“相互连接”问题呢？为此，2022 年，钉钉又提出了 bPaaS（business PaaS，业务流程即服务），在 PaaS 化的道路上又往前进了一步。

bPaaS 改变的是软件的研发方式、交付方式，以及使用方式。

如钉钉在 bPaas 领域推出的第一个重磅产品“酷应用”，这是一种可以让用户在钉钉工作群中直接调起应用组件的应用形态，不需要下载安装，也不需要跳转到其他界面。与使用微信小程序时需要跳离原操作流不同，在酷应用中，业务流的界面不需要跳离，因此能够提供“沉浸式体验”，而这种体验将带来产品、技术以及体系架构的变化。

此外，酷应用都基于钉钉底层的 bPaaS 能力开发，因此当酷应用之间做连接时，应用背后的实体公司不需要像使用小程序那样必须先线下碰面谈合作，因为酷应用底下的连接器、主数据，包括钉钉 IM 标准的群接口、机器人接口都一样，酷应用之间通过钉钉就可以实现各种数据的流转。

钉钉认为，未来软件的交付与使用，一定会是碎片化与高频的。在 bPaaS 上，钉钉通过酷应用，让企业的业务流程能够以卡片的形式在群聊中完成与被转发，并充分开放文档、音视频等产品的功能。比如，让电子签可以便捷地插入文档，让过去低频的业务应用在钉钉上被高频地使用，用主数据和连接器让应用和应用之间能够连接，实现数据的价值最大化。

而在确定了“PaaS 优先，伙伴优先”的战略并且有了 aPaaS 和 bPaaS 这两个核心的 PaaS 之后，钉钉还陆续推出了 iPaaS（连接平台）、dPaaS（数据资产）等，不断地向生态伙伴开放底座能力。

值得一提的是，事后回忆起这场“边界之争”时，叶军曾经坦言，自己和钉钉团队还是纠结和挣扎了太久，有点儿可惜。他曾向媒体反思道：“过去差不多一年的时间里，我认为还是有一段时间是浪费的。现在，我们已经很明确了。我们的精力都放到了做开放的 PaaS 上。”

不过，就当时的实际情况而言，“慢”可能也是现实而且有道理的。

中国是一个流量大国，因此中国企业非常擅长 To C 的打法。但是围绕 To B 生态，如何“一生二、二生三、三生万物”，却几乎是中国市场的盲点。

有意思的是，在公司究竟该如何做决策方面，亚马逊的创始人杰夫·贝佐斯曾经分享过一个他经常使用的思考框架。2018年11月19日，CNBC（美国消费者新闻与商业频道）的“领导力”栏目刊发了一篇名为《亚马逊的杰夫·贝佐斯：这个简单的框架可以帮助你回答你面临的最困难的问题》的文章，里面记录了贝佐斯常用的决策方法。如下：

> 做决策的方式不是一刀切。你需要问自己两个最简单的问题：第一，这个决定的后果是什么？第二，这个决定可逆吗？
>
> 大部分决策，其实后果都影响不大且可逆。对于这一类决策，可以经由数据和初级团队快速做出，即便是错的，成本也低。
>
> 而当大公司用“大共识流程”做可逆的小决策时，会导致决策过程变长。也就是说，这即便不是一个最好的决策，如果你行动快，也能让你在竞争中立于不败之地，因为你能快速知道对或错。而如果你行动很慢，由此产生的成本实际上要远远高于你快速行动之后获得正确答案的成本。因此，多数的决策应该是你在掌握了70%的信息时就做出的。如果你坚持要等到掌握90%的信息，那么多数情况下，你可能已经慢了。
>
> 而对于那些不可逆的决策，则需要给予更多的关注。
>
> 因为这一类决策的后果通常影响很大，这类决策最好

是由资深的领导层、单独的一个人，或者一个小团队做出。在这些情况下，用“非常慢、慎重的决策过程”是可以的。CEO 也可以成为“首席减速官”。

我通常称这一类决策为“单向门”。你可以这样来理解：假设你到达了门的那一边，而你不喜欢自己看到的东西，但是这个时候你已经没有办法回到之前你所在的地方了。（想一想，多可怕！）

在做出重大的、不可逆的决策时，直觉可以发挥重要作用。人们总认为亚马逊非常注重数据，但是我告诉他们：如果你能用数据做决策，你就用数据，但其实很多最重要的决策，是你根本没办法简单地根据数据做出的。

比如，亚马逊最终决定做 Prime 会员时，其实是出于直觉做出的决策。当时，没有一个精通财务的人支持。而每一个用于计算的电子表格都表明这将是一场灾难。在某些情况下，数据不会给你清晰的答案，尤其是当你尝试从未做过的事情时。基于我的经验，类似的一些决策基本上无法通过“分析”做出，而必须使用“直觉”。

但是，尽管重大的决策经常要使用直觉来拍板，你的直觉也必须基于你的“原则”来形成。比如，亚马逊的原则就包括“将客户放在第一位”“代表客户发明创造”等。你可以尽可能多地收集数据，并让自己沉浸其中。但是，要用你的“心”来做出这一类决策。

事实上，也正是在2022年钉钉正式对外宣布将只做一件事——PaaS时，钉钉团队已经想得很清楚：钉钉生态的原则之一，就是要将合作伙伴放在第一位。

而如果一定要把这个原则提炼出来，那就是钉钉生态战略“PaaS First Partner First”中的后面一部分——伙伴优先。

这一原则具有重大的历史意义，这标志着钉钉从做强自身到做强生态、从封闭到开放的重大转变。

钉钉的三种商业模式

谁也没有想到，钉钉的能量惊动了远在大洋彼岸的苹果公司。

有一次，苹果中国区的高管来到钉钉，反馈说，苹果公司美国总部的人在App Store看到钉钉，发现这个软件的打分很低，但用户量和下载量却非常高。他们感到诧异：这是不是一个垃圾软件？

钉钉团队听完欲哭无泪，于是和苹果的访客们分享了一段故事。

原来疫情期间，钉钉充当了在线办公和学习的先锋工具。中国大多数学校和校外教育机构都在钉钉上上网课。这也让因为疫情突然“解放”的孩子们“痛恨”起钉钉来。孩子们发起了“一星运动”，纷纷在应用商店的五星评级中给钉钉打了一颗星。

钉钉希望苹果能去除“一星运动”的影响，还钉钉团队一个公道。尽管苹果高管听完故事也十分感动，但他们还是说：“不行。你们还是自己好好干吧。”

此后，钉钉一年迭代了几百次，钉钉上主动打五星的用户也迅速增多，钉钉在苹果应用商店里的评分也出现了惊人的上涨——0.3 分。无奈钉钉的用户体量实在太大，仅仅是涨 0.1 分，都显得非常困难。

这也使钉钉成了中国市场上一个非常神奇的应用软件：一方面，明明是一个用户体量巨大的 App，却只有 2.3 分（满分是 5 分）的评分；另一方面，钉钉的用户量飞涨，在 2021 年下半年已经达到了 5 亿的规模，但钉钉的商业化进程却还处在几乎停滞的状态。而随着钉钉帮助 To B 客户群解决的问题越来越多，钉钉上的功能也越来越丰富，但是钉钉又被吐槽臃肿、复杂、难用。

需要注意的是，最后一个问题的确是钉钉绕不过去的一个问题。一些有机会较早接触到美国科技界信息的产品经理认为：作为一款产品，与 Slack 相比，钉钉在功能布局上不够好；而在设计方面，就更谈不上“优雅”了。

在这方面，钉钉与远在大洋彼岸的微软公司其实非常像。在硅谷，人们可能会说谷歌是一家技术型公司，亚马逊是一家运营型公司，Meta 是一家产品型公司，但是从来不会有人说微软是一家产品型公司。

这是因为，微软的很多产品都有巨大的市场份额，但是从产品的角度而言，微软在美国市场从来不是因为发明了“好用而精致的产品”著称。但这并不妨碍微软赚大钱。

本质上，微软是一家 To B 的公司，微软最强的其实是它的生态系统。根据微软公司 CEO 萨提亚 · 纳德拉透露的数据，微软公司有 95% 以上的收入都由它的生态合作伙伴促成。

让我们来仔细看一条线索：从 2014 年到 2023 年期间，在纳德拉执掌微软的这 10 年里，微软的年收入从 868.3 亿美元跃升到了 2119 亿美元。那么，纳德拉究竟给微软带来了什么助燃剂呢？

很多人都知道，纳德拉的最大贡献就是引导微软向云计算转变。但很多人不知道的是，微软的成功其实一直以来都取决于它的“渠道”。事实上，纳德拉对微软的所有愿景，都是通过“渠道”这个镜头来过滤的。

换句话说，当微软公司有任何改变时，纳德拉会在第一天就开始思考，这对微软的合作伙伴意味着什么。

所以，当 2014 年纳德拉带领着微软向着更加开放的“云优先”战略转变时，这里隐含的销售愿景其实已经转变成：推动微软客户对微软云 Azure 以及基于微软云 Azure 的 Microsoft 365 和 Dynamics 365 的消费。

而这种方向性的改变也意味着，微软希望它的合作伙伴从原先 Windows 时代那种专注于单一产品的纯经销商身份转变为提供托管服务的可信赖的顾问身份，并且在微软公司相互交织的产品组合中，创建多种产品的创新性解决方案。

而这，也彻底改变了微软生态合作伙伴的生活。

Dynamic Consulting 就是其中的一个案例。该公司是微软公司的一家金牌合作伙伴，专门从事微软解决方案 Dynamics 365、

Power Platform 以及 Modern Workplace 的实施与管理。Dynamic Consulting 的总裁乔纳森·斯蒂普拉说："当我第一次成为微软合作伙伴时，微软的老板还是鲍尔默，但自从纳德拉接管以来，他对微软公司的方向产生了持久的影响。纳德拉不仅改变了我们公司的发展轨迹，也真正改变了我的生活。我愿意为纳德拉做任何事情。"

艾玛·麦圭根是微软公司最大的合作伙伴埃森哲智能平台服务和微软业务部的负责人、埃维诺联合公司的董事会主席。他指出了微软与包括埃森哲在内的微软合作伙伴关系的真正优势。

他认为，这种优势就是：首先，微软的合作伙伴实施了微软广泛的技术平台解决方案；其次，它们在各自的目标行业中建立起了一些核心的解决方案；再次，这些合作伙伴开始推动一些更具创新性的思维。

也就是说，微软公司与其合作伙伴关系的真正优势是：这种关系释放了微软生态合作伙伴的大量机会。

更直白一点说，纳德拉用他的云优先模式改变了微软公司的渠道，从而为合作伙伴带来了巨大的增长和赢利能力。而这又反过来推动了微软自己的核心商业模式。

根据纳德拉透露的数据，截至 2021 年，全球约有 30 万个合作伙伴参与创造了微软公司 95% 的商业收入。这也就是纳德拉会用下面这种古怪的方式来描述微软的原因。

2021 年 4 月，纳德拉在接受美国媒体采访时这样说道："我认为我们处理业务的方式、我们的业务模式，以及我们合作伙伴生态系统的独特之处在于，如果不是生态合作伙伴采用了我们构建的东西，并为它们自己增加价值，还有最重要的，共同痴迷于这种结果会如何帮助世界变得更好，那么我们（微软）基本上不会作为一家公司而存在。”

所以，纳德拉的世界观实际上是一种以“合伙人”为主导的世界观。

而纳德拉驱动这一世界观的核心思考原则是：微软究竟可以如何帮助生态合作伙伴推动技术的加速以及客户成果的达成？

换句话说，微软其实是一家由微软生态驱动的公司，并且微软在生态中对自己的定位是“合作伙伴优先”。

需要注意的是，钉钉在 2022 年确立了“只做一件事”的战略之后，叶军的脑海里就始终萦绕着合作伙伴的利益问题。

此前，钉钉已经基于 To B 行业的属性，给出了三条细化的解决路径试图解决中国软件行业存在的“1 亿元天花板”问题。那么此后，2022 年 3 月钉钉正式对外确定“伙伴优先”这一战略，在从做强自身到做强生态、从封闭到开放的重大转变之后，钉钉又将如何去推动整个中国软件行业甚至 SaaS 行业服务生态的突破呢？

叶军的思考有以下几点。

第一点是，一定要逐步建立起市场的收费机制。

叶军认为，如果软件产业没有发展好，一定与收费机制的建立有关。他指出，过去，中国软件市场的打法主要就是免费，免费在有些时候是好事，能够驱动产业的发展，但当产业发展到了一定程度之后，如果还是免费，则将对产业生态带来巨大的打击。

“所以，帮助整个软件产业建立起数字化产品需要付费这一客户心智，是钉钉需要做的第一件非常重要的事。”

第二点是，要不断增强钉钉的 PaaS 能力。因为如果钉钉的 PaaS 能力变强了，钉钉生态里的每一家公司就不再需要投入那么多时间和精力去研发基础性的东西了。

“就好比说苹果系统与安卓平板的适配这种基础性的能力，如果每一个软件开发商都需要重新适配，那么必然会产生大量的重复劳动，企业的效率也不可能提高，社会运行的效率也会降低。”叶军指出，“涉及各种安全问题的基础能力也是一样。”

因此，钉钉的 PaaS 能力越强，钉钉的基础能力就会越强。而企业再去做创新时，也就没有必要自己再从头去开发。“本质上，钉钉就是一个关于能力的平台。这是钉钉要去做的第二件非常重要的事。”叶军指出。

第三点就是，要充分扩大和利用钉钉的规模——钉钉的规模越大，给钉钉生态提供的帮助就越大。

目前，钉钉的规模已经让很多生态在钉钉的平台上赚到了钱，并且已经让很多 SaaS 初创公司可以避开冷启动的问题，快速地启动。

以低代码公司氚云为例。2021 年“双十一”期间，氚云 11 天累计 GMV 率先突破 1000 万，刷新了钉钉开放平台历史上最快突破这一数据的纪录。

“氚云这样的业务发展，实际上对整个行业都很有利，因为这会提高整个行业的竞争质量。”叶军说。

钉钉很快就启动了商业化进程。

首先，2022 年初，钉钉在免费标准版本的基础上，创建了三个商业化版本：专业版、专属版和专有版。专业版收费标准为 0.98 万元 / 年，专属版和专有版按规模及选购功能付费。

这个时候，钉钉实际上已经有了三种商业模式。

第一种商业模式是软件付费订阅，指的就是上述三个商业化版本；第二种商业模式是收取开放平台软件售卖的佣金；第三种商业模式是硬件接口认证收费。钉钉把硬件 SDK（软件开发工具包）都开放给了生态伙伴。

而总的来说，钉钉每收入 1 元钱，就给生态合作伙伴带来 9 元钱。

我们可以参考一下 Salesforce 和微软公司与其各自的生态伙伴之间的收入比值。根据国际数据公司 IDC 的报告《Salesforce 的经济影响力：2019—2024 年将共同创造 420 万新工作岗位和 1.2 万亿美元的新业务收入》：

在 2019 年时，Salesforce 每赚 1 美元，它的全球生态伙伴将赚 4.29 美元。而到了 2024 年，Salesforce 每赚 1 美元，它的全球生态伙伴将赚 35.80 美元。也就是说，围绕着 Salesforce 的全球生态伙伴产生的经济价值，实际上要比 Salesforce 本身大很多，并且增长速度也更快。

此外，根据 IDC 的数据，截至 2020 年，微软与其生态伙伴的收入比为 1∶9.58。

也就是说，钉钉与生态合作伙伴 1∶9 的收入比值，与微软在 2020 年时的情况已经非常接近。这是钉钉生态内已经真实存在的数据。

从 ISV 佣金来看，钉钉上有一个应用程序广场，这个广场内有 1000 多款由 SaaS 公司提供的优秀软件。这些软件卖给客户每年收 1 万元，钉钉从中收取 15% 的交易佣金（这个比例还在逐年下降）。而这 15% 的佣金里，又有近 5% 实际上是钉钉在各种奖励等活动中返给其生态伙伴的。所以这里，就是一个 1∶9 的关系。

此外，另一个能够说明 1∶9 关系的例子来自服务商：钉钉在我国的 135 个地级市有服务商。服务商在当地服务钉钉客户、为客户的钉钉工作台做各种数字化产品的定制、开发当地本地化的软件，比如，钉钉的底座一年收费 1 万元，但是在底座之上，服务商开发企业所需要的财务系统、业务生产流程、管理系统等等，可能以远高于每年 1 万元的解决方案打包价整体售卖给企业。

2022 年 3 月，钉钉也在发布会上正式宣布了商业化。叶军特别指出了钉钉商业化的意义："健康的生态绝不是靠流量和补贴，而是靠商业化。钉钉对外正式宣布商业化，是为了能够让钉钉的生态体系更容易被衡量，并加快钉钉生态系统的正向循环发展。"

截至 2023 年 3 月 31 日，钉钉上已经有 5000 多家生态合作伙伴，包括独立的软件服务商、咨询生态、销售以及交付服务商和硬件生态厂商。其中，年营收超过千万元的生态伙伴达到了25家。

2023年可谓钉钉非常重要的一年。在这一年里，钉钉的生态系统持续繁荣，并且商业化路径进一步明确。与此同时，钉钉生态内客户与钉钉的融合程度也在不断地加深。

更加重要的是，2023年4月，伴随着微软公司在大洋彼岸频频发出的AI信号，钉钉也启动了智能化战略，成为中国市场上第一家宣布用人工智能重做一遍产品的企业级服务软件。

市场领导者的增长路径

到了2022年年中，尽管钉钉自己从未公布过ARR，但中国的SaaS圈广泛流传着一些有关于钉钉收入的言论，包括：

"钉钉去年（2021年）一年的收入，比之前六年的收入总和还要多"，"钉钉已经是一家'半人马'公司"，等等。

所谓"半人马"（centaur），指的是ARR超过1亿美元的云公司。这一概念由美国专注于云投资的风险投资机构Bessemer Venture Partners（BVP）提出，近几年来在硅谷十分流行。

需要注意的是，"半人马"公司做的是罕见的云业务，属于独角兽群体中精英子集的一部分。美国风投机构BVP还特别提到了"半人马"公司所具有的几个关键特征：

"ARR达到1亿美元的云公司将加冕为'云巨人'。而且，鉴于市场领导者的良性循环，云巨人通常能进一步巩固市场地位，加速增长。这是因为到了这个规模点后，通常所有的竞争对手要么被收购，要么已经落后，使云巨人能够逐渐占据更多的市场份额。

“另外，市场领导者倾向于通过添加‘第二曲线’产品来加速增长并扩大其总目标市场（TAM），因此即使核心产品出现增长衰退，公司的整体增长也会不断出现第二次、第三次甚至第四次风潮。云领导者往往是多产品公司。

“很少会看到有一流增长率的公司迅速沦为落后者。同样，很少会看到平庸的成长者演变为高成长者。”

十多年来，BVP 进行了 200 多项云投资，其投资组合是全球风险投资机构中最大的云投资组合之一。2021 年 9 月，BVP 发表了一篇关于云公司如何发展运营高效的业务并将 ARR 规模扩大到 1 亿美元及以上的权威基准报告。

可以借助 BVP 的这份报告，先来看一下美国市场上业务形态与钉钉最像的一家公司——Slack 的估值情况。

根据 Slack 在 2019 年 6 月上市前提交给美国证券交易委员会的文件中所披露的年营收数据，以及 Slack 历年来在美国私募市场的估值，Slack 在 2017—2019 年获得的市场估值分别是年营收额的 48 倍、32 倍、49 倍（2019 年时的二级市场）。而根据 BVP 基准报告，ARR 超过 1 亿美元的云公司，这个数据平均在 14 倍左右，中位数则是 13 倍。换句话说，Slack 作为美国的顶级 SaaS 公司，这一数值相当惊人。

当然，Slack 的收入增速也十分惊人。

根据 BVP 基准报告，当 ARR 超过 1 亿美元时，平均增速约为 60%，中位数增速是 50%。而 Slack 在 ARR 超过 1 亿美元时，2017—2018 年与 2018—2019 年的增速仍然高达 110% 和 82%。

不过，此后 Slack 就呈现出了衰落的状态。由于微软推出了对标 Slack 核心思想与功能的产品 Teams，且 Teams 快速崛起与突围，Slack 在二级市场上的股价迅速下跌。

应该说，正处于高速成长期的 Slack 过于天真。2016 年微软公司推出 Teams 预览版本后，Slack 还发表了一封写给微软的公开信，用词充满了讽刺与调侃，当时 Slack 写道：

“亲爱的微软公司：

哇。重大新闻！祝贺今天的公告。我们很高兴能够参加（与您的）比赛……”

后面还写了很多话。Slack 试图教育微软应该怎么做互联网产品，包括必须是一个开放平台，必须用“爱”去工作，等等。Slack 显然没有意识到“网络效应”的可怕。

实际上，当年苹果公司的 Macintosh 计算机就是倒在了微软的“网络效应”之下。

微软的 Windows 是在苹果的 Mac 之后推出的，并吸取了苹果创造产品的灵感。Windows 建立在 DOS 之上，并且完全向下兼容，这意味着所有公司已经购买了的 PC——包括运行在 DOS 上的、在苹果公司推出 Macintosh 之前就已经推出三年并取得了巨大成功的 IBM 的 PC，以及已经为 DOS 创建的所有软件，都将购买和运行微软公司的 Windows。

而苹果公司是在什么时候才真正发挥出了它的优势呢？直到移动技术革命到来。也就是说，实际上直到发生了一次技术范式的转换，苹果公司身上的枷锁才全然解除。

显然，Slack 也没能逃过微软的“网络效应”。

Teams 预览版于 2016 年 11 月由微软公司推出，此后就一路高歌猛进。图 3-1 是 Teams 的成长速度图，由微软公司副总裁贾里德·斯帕塔罗在 2019 年 7 月特意整理并绘制。灰色线为 Slack 的成长情况，黑色线则为 Teams 的成长情况。

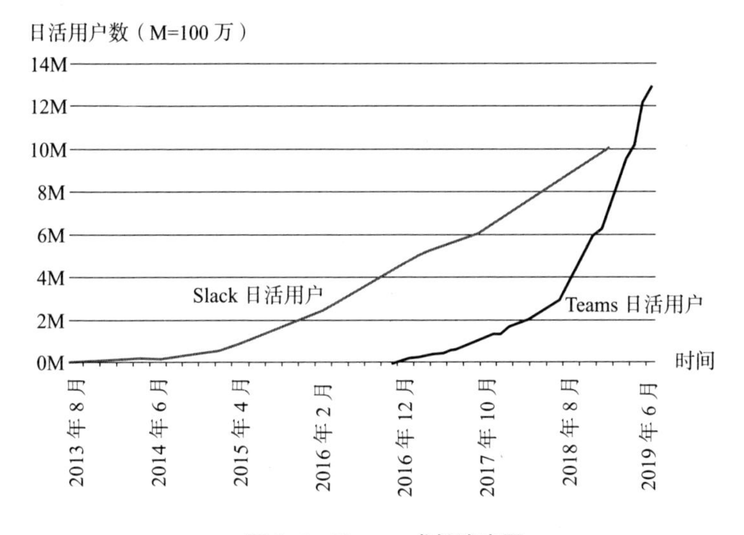

图 3-1 Teams 成长速度图

注：Slack 的日活基于公开披露的数据，并与披露的月份对应。假定在两次披露之间数据呈线性增长。

到了 2019 年年中的时候，Teams 的日活用户数已经赶上 Slack。

2019 年 7 月，微软还特地公布了一个数据：Teams 的日活用户数达到 1300 万，正式超越 Slack。

紧接着，当年的 11 月，微软 Teams 的日活用户数冲到了 2000 万。而到 2020 年疫情大暴发时，Teams 的日活用户数更是一飞冲天：从 2020 年 3 月的 3200 万，猛增到了当年 11 月的 1.15 亿。另一方面，Slack 则在 2019 年底公布了日活用户数达到 1200 万后，就再也没有更新过数据。

需要注意的是疫情期间 Slack 上中小企业的逃离情况。以下是 Slack 与美国视频会议公司 Zoom 的财报数据放在一起进行的对比：

> 2019 年第三季度，Slack 与 Zoom 的收入几乎相同，Slack 为 1.687 亿美元，Zoom 则为 1.666 亿美元。

但是到了 2020 年第三季度，Zoom 的收入为 7.772 亿美元，同比增长了 367%（有 10 名以上员工客户的数量同比增长 485%）；而 Slack 的收入则只有 2.345 亿美元，同比增长了 39%（增速低于其过去两个季度 50% 左右的增速），付费客户则同比增长 35%。

Slack 解释说，其营收增速下降的主要原因是很多中小客户在裁员和削减预算。的确，中小客户在付费方面极不稳定，那么 Slack 获取大客户的情况如何呢？

令人遗憾的是，这恰恰就是 Slack 的最大挑战。因为一方面，大公司虽然有钱，但也更担心公司的商业机密和隐私问题，所以往往会倾向于自己花钱开发和管理公司内部的沟通平台。另一方面，一旦涉及大客户，Slack 实际上就陷入了和微软整个生态系统与合作伙伴领域的竞争。

同在 Teams 日活超过 Slack 的 2019 年 7 月，微软还透露了另一个数据:《财富》世界 500 强公司的前 100 名中有 91% 的公司在使用 Teams。

这也是后来美股投资者对 Slack 态度冷淡的原因，在 Salesforce 收购 Slack 的消息泄露之前，Slack 的股价自 2019 年上市以来，已经跌去了约 1/4，甚至在疫情期间，也没有太大增幅。与之相比较，其他如 Zoom 这些“线上办公”概念股的股价，则在 2020 年 3 月之后大幅上涨。

下面，我们再来看一下 Teams。

Teams 预览版于 2016 年 11 月由微软公司推出，此后就一路高歌猛进。到了 2022 年 1 月微软发布 2022 财年第二季度财报时 Teams 的月活用户数已经超过了 2.7 亿。

不过，Teams 的情况相对复杂。因为 Teams 是被打包在微软的 Microsoft 365 里售卖的，也就是说，Teams 不是一个独立的产品，因此也就没有一个独立的价格。

更麻烦的是，微软公司在财报中也没有细分它生产力和业务流程部门（Microsoft 365、Dynamics 等）的各部门收入情况，因此，实际上很难确定 Teams 单独创造了多少收入。

下面是引用自美国网站 Businessofapps 的一组数据。该网站根据微软 Microsoft 365 的收入以及 Teams 的用户增长情况对 Teams 的收入做了估算。如下所示：

> 2017 年为 0.1 亿美元，2018 年为 2 亿美元，2019 年为 8 亿美元，2020 年为 68 亿美元。

这样的增速，当然超级恐怖。因为根据 BVP 基准报告，当公司 ARR 超过 1 亿美元时，Top Quartile（上四分位数）和 Bot Quartile（最低四分位数）的公司增速在 35%~80% 之间，平均增速约为 60%，中位值增速则是 50%。

无疑，这样的估值是没有意义的，因为 Teams 的增长实际上极大地利用了微软公司的势能。这不仅在于，微软把它包裹在 Microsoft 365 里售卖（Teams 相当于是免费的），还在于微软在美国大公司中的影响力以及微软的整个生态系统。因为在 Teams 日活超过 Slack 的同时，《财富》世界 500 强公司中的前 100 名就有 91% 在使用 Teams 了。

最后，再来看一下钉钉。

衡量云公司估值的几个最关键指标是——ARR、增速、毛利率和留存情况。根据 BVP 基准报告，当云公司的 ARR 达到 1 亿美元以上时，这些关键指标的数据如下：

其 YOY 增长率（年同比增长率）在 35%~80% 区间，平均增长率接近 60%，中位值是 50%。

其平均毛利率在 70% 以上，Top Quartile 和 Bot Quartile 公司的毛利率在 60%~80% 之间。

其平均净留存率为 120%，平均总留存率为 90%。

钉钉从来没有对外公布过增速、毛利率，以及客户 / 金额的留存情况，但是考虑到 2021 年之前的 6 年多，钉钉主要是在用免费的方式做规模，直到 2021 年才开始做收入，钉钉收入的基数盘面还很小，因此可以预见，钉钉的收入增速会相当高。

正如明势资本执行董事徐之浩所说："也许钉钉和 Slack 都是'军舰'，负责的事情也差不多，但是钉钉有点儿像一艘航空母舰，而 Slack 则像一艘护卫舰或者巡洋舰，还是挺难直接拿二者的估值倍数去做比较的。"

有意思的是，2023 年 8 月 22 日，钉钉在上海召开生态大会，也第一次对外公布了其一年以来的商业化进展。

根据钉钉透露的营收情况，截至 2023 年 3 月末，其软件付费企业的数量达到了 10 万家。其中，小微企业占比 58%，中型企业占比 30%，大型企业占比 12%。收入方面，钉钉的 ARR 远远超过"半人马"公司 1 亿美元的评估标准；此外，仅软件订阅式 GAAP（美国通用会计准则）收入，就已经明显超过这个数字。

也就是说，钉钉已经达到或超过了"'半人马'公司"的标准。

此外，创立之初的5~6年，钉钉都在扩大规模，这也决定了钉钉的获客成本几乎为零，潜在的付费客户基本都已经在钉钉盘子上了。也由此，钉钉的获客成本要比其他公司小很多。

不过，因为中美企业级服务平台之间的差异，钉钉的存在其实具有一定的稀缺性。如图3–2所示，外圆代表钉钉，阴影部分则代表Slack。

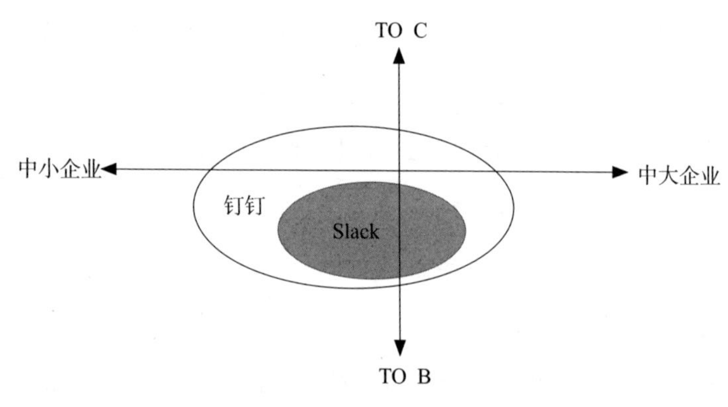

图3–2　钉钉与Slack比较

从图3–2中可以看到，钉钉要比Slack大很多。而这个“大很多”，可以从两个维度来理解。

第一个维度从纵轴来看，钉钉同时拥有B端和C端用户，但Slack只有B端用户，没有C端用户。

此外，在B端用户的“厚度/深度”方面，钉钉要比Slack做得更厚、更深，因为钉钉也做下层的东西，钉钉上有很多自营业务，如视频会议、文档等等，而Slack则主要通过生态伙伴来完成业务。

第二个维度从横轴来看，在大中小企业方面，按此前钉钉给出的比例，付费大企业占比 12%，中型企业占比 30%，小微企业占比 58%。这也与 Slack 的客户类型比例有一定的相似性，根据 Slack 2022 年一季度财报，Slack 上 10 万美元以上的客户数是 1285 个，100 万美元以上的客户数是 113 个。

不过，两者之间的差异在于，中国的小企业组织形态非常丰富，钉钉上的小企业要比 Slack 上的小企业更小，但钉钉触达的小企业数量更多；而从大企业方面来看，疫情期间钉钉为大企业做了很多事，由此触达了政府机构，大客户方面钉钉涉及的范围也要比 Slack 更广。

钉钉的这种特殊性，也决定了其具有区别于 Slack 的商业化想象力。

第一，在 C 端用户方面的可能性。如钉钉在 2023 年 8 月推出了个人版。

钉钉个人版是钉钉面向小团队用户、个人用户、高校用户群体及钉钉上的无组织用户提供的轻量版本，定位为每个人、每个团队的生产力工具，为个人 / 团队搭建专属的知识体系。

钉钉个人版可以理解为面向 C 端用户的钉钉。在钉钉上，每天有 350 万个人用户、数百万的小团队，他们因为使用钉钉而具有强大的、更加轻盈的生产力工具。

第二，原来的钉钉与 Slack 一样，都是 To B 的私域，而现在钉钉其实已经有公域。

这也是钉钉与其竞争对手的最大差异。钉选、打开钉钉首页时的页面等都可以进行定制，还有招聘、实名职场社区等，这些都属于钉钉的公域。毕竟钉钉有这么大的用户体量和活跃用户数量。

第三，中国企业级服务的特殊性也决定了钉钉的生态要比Slack更加丰富。比如，目前钉钉的商业模式，除了常规的SaaS软件订阅收入，其实还包括硬件收入、生态收入、销售佣金等。

不过，从2022年中到2023年8月8日，全球软件行业的变化其实已经翻天覆地。这从福布斯在2023年8月发布的《2023年云计算100强榜单》中就可以看出来。

在BVP帮助编制的这份榜单中，BVP不仅在计算私人市场中的云公司估值倍数时已经加上了“AI”的概念，而且还同时发布了BVP作为美国云领域投资者的一些相当振奋人心的话：

> 今天，Bessemer Venture Partners、福布斯和Salesforce Ventures公布了2023年Cloud 100榜单，这是100强私有云公司的最终排名。今年的榜单感觉与往年不同，有两个核心原因。
>
> 首先，Cloud 100榜单总价值有史以来第一次出现同比实际收缩。去年，入选Cloud 100的门槛非常高：不仅所有2022年Cloud 100获奖者的估值都达到了10亿美元的里程碑，而且Cloud 100的平均估值也飙升至74亿美元。然而，2022年是云经济近年来最具挑战性的年份之一，企业面临宏观经济不确定、IT预算收紧、销售周期拉长、裁员和估

值倍数压缩等问题。这些不利因素综合在一起，使 2023 年 Cloud 100 总价值萎缩至 6540 亿美元，成为该榜单总价值萎缩的第一年，比 2022 年的榜单价值下降了 11.6%。

其次，尽管背景黯淡，但是人工智能却成了云生态系统的一盏明灯。人工智能革命推动了 2023 年 Cloud 100 榜单上许多举足轻重的公司的发展。OpenAI 不仅首次上榜，而且还取代 Stripe 成为榜单的第一名。另外一家在人工智能领域进行大量投资的公司 Databricks 也跃居第二位。嵌入式人工智能促进了价值最高的云类别“设计、协作和生产力”的增长，而 AI-Native（人工智能原生）是迄今为止新上榜的价值最高的类别。

谁是中国的超级应用

2022 年 5 月，一个来自中国的应用激起了美国科技精英们的强烈兴趣，那就是中国另一个用户量巨大的应用——微信。

微信是一个基于“手机通讯录”成长起来的移动即时通信应用，也是移动互联网时代成长起来的最具标志性的应用之一。

2010 年 12 月，小米发布米聊。2011 年 1 月，腾讯发布微信。几乎在腾讯发布微信的同时，中国香港的类似应用 TalkBox 发布。随后，Line 在日本出现。

不过，只有微信最后发展成了一个超级应用。2017 年 1 月，微信发布小程序，小程序是一种不需要下载安装即可在微信平台上使用的第三方应用，主要为企业、政府、媒体、其他组织或个人的开发者在微信平台上提供服务。

小程序极大地扩展了微信的功能，用户几乎可以通过小程序在微信中完成所有的操作，包括文字和语音沟通、社交、叫车、订餐、支付、分享图片和视频等等。现在，微信提供并控制和支撑着这个生态系统的基础设施，其发展的可能性几乎为无限。

需要注意的是，实际上，微信早在 2011 年就推出了海外版（WeChat），但微信是一种基于“手机通讯录”的移动即时通信应用，这也意味着这是一款基于熟人网络的产品，也因此，WeChat 在海外的市场占有率并不高。

大部分土生土长的美国人第一次听到微信，是在 2020 年。当时，时任美国总统特朗普试图将微信与字节跳动公司旗下的海外应用 TikTok 一起禁用。而从 2022 年 5 月开始，埃隆·马斯克开始频繁地在美国科技精英群体中提及微信。

2022 年 5 月，马斯克在一档科技播客节目中表示，美国需要出现“超级应用”，并且他可以“将推特转变为超级应用”。马斯克还称，微信就是他想要效仿的模式。

他在播客中说道：“我想到了中国的微信，这实际上是一个非常非常好的应用，但在中国以外没有微信。我认为这是一个创造这种应用的真正的机会。在中国，人们基本都生活在微信上，因为它对人们的日常生活非常有帮助。我认为，如果我们能够实现这一目标，甚至通过推特来接近这一目标，那将是巨大的成功。”

当年10月，马斯克还在推特上谈到了这一点。他说：“购买推特是创建X这个超级应用的加速器。拥有推特，而不是从头开始，将让创建X这个超级应用的过程加快3~5年。”

根据马斯克的描述，他心目中的X是这样一个东西：一个类似于“推特+Substack+YouTube+PayPal+亚马逊+TikTok+微信+百度”组合的应用。

其中，中国用户最不熟悉的可能是Substack。Substack是美国的一个在线写作平台，提供发布、支付、分析和设计等基础设施来支持订阅新闻通讯。它允许作者直接向其订阅者发送数字新闻通讯。Substack与同类创作平台Medium的主要区别是，Substack从一开始就是一个面向独立作家的基于作家粉丝订阅的内容发布平台。Substack称它要构建起一个系统，来改进目前以广告模式为主导的媒体经济——让作家和读者为内容负责，而不是让广告商成为内容的客户。也因此，Substack上的专业独立作家要比Medium上的更多，内容也要更专业。

马斯克指出：上述系列公司组合中的前三者（推特、Substack和YouTube）将负责塑造起一个类似于推特的数字城镇广场，“在这里讨论重要的想法”。而一旦X同时建立了用户信任，支付——无论是传统货币还是加密货币——“都可以变得很有意义”。

几乎就在同一时间，“超级应用”成为美国研究机构在研究科技趋势主题时所发现的最值得关注的项目之一。

2022 年 9 月底，独立咨询公司 Gartner 提出了重磅概念“超级应用”。根据其定义，超级应用是指为最终用户提供一系列核心功能以及访问能够独立创建的迷你应用程序的应用。

Gartner 称，超级应用是 2023 年最值得关注的技术趋势之一，推动这一趋势的主要因素是移动经济的不断增长。

美媒则称，令人惊奇的是，超级应用大部分都来自中国或者亚洲其他国家。他们还发现了支付宝。

虽然微信一直被誉为世界领先的超级应用，但支付宝在这方面的努力时间最长。支付宝于 2004 年推出，最初提供的是一种托管服务，使市场能安全地收款。2008 年，当支付宝推出让客户支付水电煤费用和电话费的功能时，其成为超级应用的雄心就变得显而易见。如今，支付宝与微信支付合计已经占到了中国在线支付总量的 95%。

例如，支付宝利用来自其他社交渠道的信息、用户支付的信息等，为商家和消费者创建了世界上最复杂的信用评级系统之一，从而为他们的贷款提供依据。

支付宝现在甚至通过允许第三方开发者在支付宝上构建小程序，来使任何公司都可以开发超级应用。支付宝也可以方便地通过这些第三方交易产生收入。

根据 Gartner 的预测，“超级应用”概念还将扩展到企业级服务的移动和桌面体验，例如工作流程、协作和消息传递平台。事实上，许多技术供应商已经提供了帮助软件工程领导者构建超级应用的工具和平台。而其中的案例之一就是提供云平台解决方案的 PaaS 供应商。

Gartner 的预测并没有错。2022 年，以中国 PaaS 模式存在的钉钉已经是一个名副其实的超级应用。它具有超级应用的一系列特征，包括拥有开放的底座能力、丰富的应用和功能，以及繁荣的生态体系。

钉钉是企业数字化的底座，有统一的账号体系、统一的权限、统一的系统界面。其次，钉钉的低代码增大了企业的数据密度，大幅降低了企业获取和沉淀数据的门槛，让业务人员也能够随手开发应用，把手边的工作数字化。最后，钉钉还拥有一个繁荣的生态体系，有 ISV、服务商、咨询生态、交付生态、硬件生态等领域的 5000 多家生态合作伙伴。

不过，超级应用的优势到底是什么呢？或者说，这些超级应用对于用户最重要的价值是什么呢？

美国媒体提供了一种说法。他们认为，很大程度上，上述所有亚洲超级应用最初的巨大成功要归功于它们友好的用户界面，以及独特的一次性功能（连接、照片共享、支付）。换句话说，超级应用的“简单性”非常吸引人。

而 Gartner 的说法则更加一针见血。Gartner 指出：“所谓超级应用，就是平台的前端。”这与叶军的观点不谋而合。

根据叶军的说法，这其实也正是钉钉的价值所在。下面是叶军在 2022 年接受秦朔采访时的观点。

钉钉的核心价值在哪里呢？钉钉的核心价值就在于，它隔离了底下的操作系统。

比如说，钉钉隔离了 iOS、安卓、Mac、Windows、LINUX、信创等等这些操作系统。你只要装上钉钉，在钉钉上做一些数字化的研发，就不用再去考虑这个系统是用在苹果手机上还是用在苹果的平板电脑上，是用在谷歌的安卓上还是用在微软的 Windows 上。所以，钉钉的核心价值就在于这一层隔离。而隔离了这些东西以后，钉钉自己就变成了一个操作系统。

这就好比当年微软的 Windows。实际上，Windows 就是隔离了硬件。当用户使用电脑时，不用去关心使用哪一家公司的 CPU、哪一家公司的主板、哪一家公司的存储器、哪一家公司的网卡。事实上，用户只需要装一个驱动，之后，用的就都是 Windows。而驱动程序，厂家自己来跟微软的 Windows 系统适配。

所以钉钉最大的价值，就是它帮助很多数字化的系统建立了用户端界面最高效的触达能力，而且是以最低的成本适配。

钉钉对于阿里和产业互联网，就是有这么一个核心的价值。它就是一个隔离了不同操作系统的用户界面，而且触达用户的方式非常简单，所以让很多数字化系统的使用变得更加便利。如果用户自己研发这个系统，效率会很低，所以，钉钉相当于缩短了数字化的路径。

其实从本质上讲，微信是一个超级应用，钉钉也是一个超级应用。只是钉钉的规模没有微信那么大，微信其实也是一个隔离了各种各样的其他系统的操作系统。

比如说，苹果手机有一个Face Time功能，可以让用户之间进行视频通话。但是在国内，现在大家都很少用它的这个功能，都在用微信通话。事实上，微信通话肯定没有Face Time做得好，但为什么大家都要用微信视频来通话呢？

就是因为微信帮我们隔离了不同的操作系统。微信不但可以让苹果手机用户跟苹果手机用户通信，也可以让苹果手机用户跟安卓手机用户通信，不仅可以让安卓手机用户与安卓手机用户通信，也可以让安卓手机用户跟桌面系统Windows用户通信。而苹果的Face Time，则只能是苹果系统对苹果系统。所以，这就是微信的核心价值。

需要注意的是，埃隆·马斯克梦想中的X也是一个超级应用，并且X对于用户的最大价值就是它是一切平台的前端。2022年4月，马斯克对推特出手了。

2022年1月，马斯克已经开始在二级市场购入推特的股票，并在当年4月，成为推特最大的个人股东，占股9.2%。随后的4月14日，马斯克提出了收购推特的要约。在那段时间里，特斯拉的投资者遭受了损失，因为马斯克收购推特动用了他个人在特斯拉的股份，特斯拉的股价因此频频下跌。

值得一提的是，至少有两个情感因素在驱动马斯克做出收购推特的决定。

第一个是，20多年前，马斯克创办了网站X.com，希望将它打造成一个“超级应用”，可以处理一个人所有的金融交易与社交关系。而当X.com与支付服务公司PayPal合并时，马斯克强烈地争取保留X.com作为合并后的公司的名字，但被拒绝了。

当时，PayPal已经是一个值得信赖的品牌，像推特一样友好和活泼，而X.com这个名字会让人联想到某个你无法在一家体面公司里去谈论的小网站。马斯克被赶下台了，但是他仍对自己的观点坚定不移。

他说：“如果你只想成为一个利基市场的参与者，那么PayPal是一个更好的名字。但如果你想接管整个世界的金融体系，那么X是更好的名字。”而当马斯克开始购买推特的股票时，他认为推特这个名字太小众、太矫情了。

第二个情感因素，则和现在正如日中天的OpenAI有关。

根据美媒的报道，OpenAI由马斯克与奥尔特曼等人一起出资创建，而且OpenAI这个名字也是马斯克起的。马斯克本人也在 OpenAI 早期招聘关键科学家与工程师方面发挥了重要作用。但是由于 OpenAI 与特斯拉公司在人工智能问题上有潜在的利益冲突，2018 年 2 月，马斯克离开了 OpenAI 的董事会。

此后，也有媒体爆料称，马斯克之所以离开，是因为“一次失败的收购尝试”。如根据美媒 Semafor 引用的知情人士的说法，马斯克在 2018 年初告诉奥尔特曼，他认为 OpenAI 落后于谷歌，于是提出要亲自负责 OpenAI。但奥尔特曼和其他联合创始人拒绝了他的这个提议，马斯克辞去了 OpenAI 的董事会职务，并取消了他对 OpenAI 的巨额资助计划。

而自从离开 OpenAI，马斯克就成了 OpenAI 的忠实批评者。他最严厉的一次批评发生在 2023 年 2 月，马斯克在推特上称：“OpenAI 是作为一家开源、非营利公司创建的，目的是制衡谷歌，但现在它已经成了一家闭源的、由微软公司有效控利的、追求利润最大化的公司。这根本不是我想要的。”

很显然，如果马斯克收购了推特，那么他不仅得到了一个超级应用的雏形，而且还能获得推特的数据。他可以用这些宝贵的社交数据来喂养他正在一手筹备的人工智能公司 xAI。

2022 年 10 月，马斯克完成了对推特的收购。到了 2023 年 7 月，推特大楼上的公司名字终于发生了变更——美国最重要的社交平台之一推特变成了 X，一个由马斯克经营的社交宇宙，聚合了他 25 年的想法以及他最疯狂的幻想。

可以说，为购买推特，马斯克付出了极大的财务代价：其支付的收购价是 440 亿美元，但此后，X 的估值一直呈“自由落体”状态。

在截至 2023 年 10 月底的一次估值中，富达投资将 X 的估值减记到了约 150 亿美元。甚至马斯克的大粉丝——方舟投资的创始人凯茜·伍德，也在 2023 年 7 月将 X 的估值下调到了约 230 亿美元。

造成这种局面的一个很大原因是 X 的现金流为负，支出超过了收入，即便在马斯克已经裁了 80% 的员工的情况下依然如此。当马斯克完成收购时，X 的广告收入下降了约 50%，此外还有“沉重的债务负担”。马斯克为收购推特承担的债务的年利息成本可能约为 14 亿美元。但即使在马斯克上任前，推特的运营支出的 1/4 也达到了约 12 亿美元，你可以看到问题所在。马斯克有可能要自己投入更多钱或是以低估值再找一群投资者（这个想法已经被否决），或者使 X 尽快产生现金流。

更加糟糕的是，几乎就在 2023 年 7 月推特大楼变更名字的同一个月里，扎克伯格突然“趁火打劫”——Meta 宣布推出一个在功能上非常类似于推特的新产品 Threads，并要求大家必须通过 Meta 旗下的图片分享应用 Instagram 的账号来登录。

要知道，Instagram 在全球有几十亿用户，你可以想象如同潮水一般涌向 Threads 的注册用户——事实也证明了这一点，Threads 的新用户注册速度飞快地刷新了由 ChatGPT 创造的世界纪录。

不过，尽管围绕 X 的一切都很混乱，尽管 X 落后于 Meta 与 Instagram 等拥有数十亿用户的平台，但 X 仍然在全球有着非常稳定的定期登录者。

图 3–3 来自美国数据机构 SimilarWeb，显示了 Threads 与 X 在 Threads 推出十几天后的全球用户日均参与量比较，但仅限于安卓版的比较。其中，参与度是指打开和 / 或使用该应用的人数。图中，黑色线代表 Threads，灰色则代表 X。

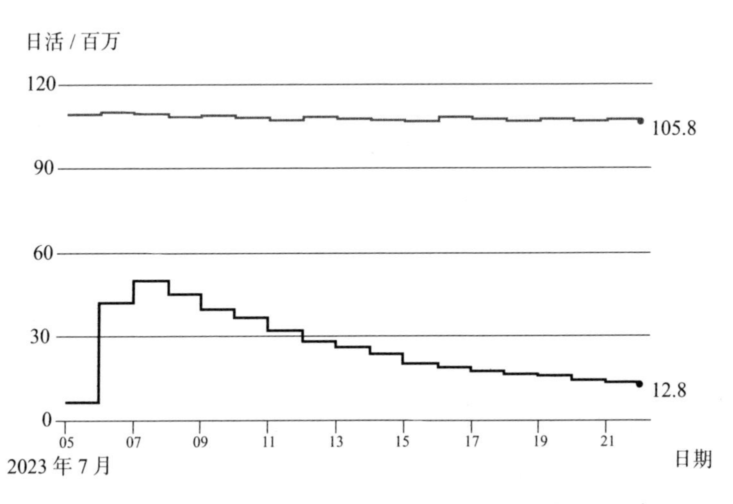

图 3–3　全球安卓用户 X 与 Threads 的用户日均参与量比较

从图 3–3 中可以看到：Threads 自 2023 年 7 月 7 日（正式推出两天后）的峰值之后，在随后的十几天里，其全球用户日均参与量（安卓版）连续下降，截至 7 月 22 日已经下降了约 75%，为 1280 万；但 X 的安卓版全球用户日均参与量则超过了 1 亿人次（这还是在 X 被马斯克百般折腾、惹怒了美国大众之后）。

SimilarWeb的数据科学家指出，在这种用户规模下，安卓与iOS的趋势往往不会有显著的差异。也就是说，如果把X的iOS全球日活用户也加上，那么其全球用户日均参与量会更高。

与此同时，为了对抗微软和OpenAI以及谷歌的DeepMind，2023年7月，马斯克也正式推出了他在人工智能领域的公司xAI的官网。

紧接着，2023年11月5日，xAI推出了第一个人工智能产品Grok。这是一个类似于ChatGPT的聊天机器人。马斯克称，Grok的原型已经优于OpenAI的GPT–3.5。

马斯克同时宣布，他将把聊天机器人Grok安装到他的社交媒体X上，但是仅对X的高级付费用户开放。这应该也就是马斯克所谓“超级应用”的第一个结构性搭建。

需要注意的是，2023年5月，奥尔特曼分享了ChatGPT插件计划的问题：

> 尽管许多开发者都表达了在API中融入ChatGPT插件的兴趣，但是插件可能不会很快发布，因为插件目前没有达到产品市场契合度（PMF），除了浏览之外，插件的使用情况表明它们还没有和市场达到最佳的契合点。
>
> 另外，很多人认为他们希望他们的应用程序在ChatGPT中，

但他们真正想要的是在他们的应用程序中可以使用 ChatGPT。

换句话说，ChatGPT 并没有像很多人预期的那样因为“插件计划”而成为一个超级入口。但究竟为什么 ChatGPT 的插件没有达到产品市场契合度呢？

可能的答案如下。

根据 2023 年 3 月 Chat.openai.com 在 SimilarWeb 的信息，这个时候，Chat.openai.com 的总访问量（桌面与移动设备）达到了 18 亿次，跳出率为 17.33%，平均每次访问页面数为 6.22，访问的持续时间平均为 8 分 32 秒。

由此可以看到，ChatGPT 的平均访问持续时间太短可能是一个问题。

而从理论上讲，马斯克的 X 是一个社交媒体，X 的用户黏性与用户停留时间应该都比 ChatGPT 更强。

也就是说，X 所扮演的角色其实非常重要。一方面，是保证用户停留时间。另一方面，xAI 会不断抓取 X 上的数据来训练它的人工智能。与此同时，X 上实时更新的用户信息——类似于推特这样的搜索引擎在美国叫“实时搜索”——也会帮助 xAI 获取实时信息，使 Grok 不会受到像 ChatGPT 在信息新鲜度方面所面对的局限性，而这曾经是 ChatGPT 想通过插件完成的事。

马斯克还称，他的人工智能公司 xAI 将在正式发布独立的 Grok 聊天机器人之后与 X 合并。

这就产生了一个重要的问题：如果说ChatGPT的用户平均访问持续时间太短是一个问题，那么一个本身就具有极强用户黏性的超级应用——可能是如推特这样的IM或如钉钉这样的办公IM——是否可能塑造未来人工智能的超级入口呢？

第四章　通往智能世界的“魔法棒”

企业最需要的AI场景

2023年是神奇的一年。受2022年美联储加息和宏观经济形势的影响，市场普遍预测2023年的美股表现会很糟糕。不过，由于生成式人工智能概念的出现，事实上2023年科技股的开局是美股20多年来最好的。

其中，又以美国七大科技公司的表现最为突出，它们是英伟达、微软、特斯拉、Meta、Alphabet、苹果与亚马逊。这七大科技公司的股票被美股投资者称为“七雄”或者“七巨头”，它们整体上拉动了2023年纳斯达克指数的上涨。而位于“七巨头”

之首的英伟达的股价在2023年甚至上涨了超过230%。

华尔街钟爱英伟达，这并不奇怪。英伟达公司是人工智能技术底层基础设施GPU的发明者，也是人工智能市场渗透率的晴雨表。2020年5月，英伟达当季财报显示：其数据中心芯片的销售额第一次突破了10亿美元大关，达到了11.4亿美元。这反映出全球范围内大公司客户对于机器学习的采用已经趋向于广泛。而到了2020年7月，英伟达的市值第一次超越英特尔。这意味着人工智能项目的最大芯片制造商（英伟达）的市值，第一次超越了硅谷最主要芯片供应商（英特尔）的市值。这实际上也象征着科技行业接力棒的交接。

而到了2023年，英伟达的GPU已经成为全球最昂贵也最抢手的商品之一。全球市场情报机构CB Insights的数据显示，英伟达一家公司的GPU就占到了全球机器学习GPU市场约95%的份额。在这一年中，英伟达发布了一季又一季超越华尔街预期的季度财报。其在2023年11月发布的新财报显示，季度营收再次超出华尔街预期，同比增长206%，达到了181亿美元，其中有80%的收入来自创纪录的数据中心收入。英伟达还预计，公司新一季度的营收将增长至200亿美元，同比增长230%。这还已经考虑到了美国对中国以及越南等其他市场的芯片销售出口管制。

不过，如果说英伟达是此次人工智能浪潮中的“印钞机公司”，那么微软就是大公司里站在此次人工智能浪潮舞台中心的“最靓的仔”。相比于英伟达GPU产品的深藏不露，微软的生成式人工智能软件触达最终客户。在因为与 OpenAI 独家结盟而大放光彩之际，微软也进一步将这种优势渗透进了它的系列生产力软件产品里。

2023 年 3 月 16 日，一则来自微软公司的短视频刷爆了中国创投界的朋友圈。微软专门录制了一个短视频来宣传它即将推出的 AI 新产品——Microsoft 365 Copilot。在这个短视频中，微软称 Microsoft 365 Copilot 是“这个星球上最强大的生产力”。微软还把视频发到了全球视频分享网站 YouTube 上，并在注释中写道：“借助 Microsoft 365 Copilot，我们将下一代 AI 的力量发挥到了极致。Microsoft 365 Copilot 不仅是做同样事情的更好方法，而且是一种全新的工作方式。”

不过，还没等微软公司透露 Microsoft 365 Copilot 正式发布的时间，钉钉已经发布了将全面接入大模型的时间表。

2023 年 4 月 11 日，阿里正式发布“通义千问”大模型。

阿里坚信，所有的产品都值得用“大模型”重做一遍。这个时候，美国的 OpenAI 因发布 ChatGPT 而一鸣惊人，中国科技界也不遑多让、纷纷接招，市场上很快就掀起了“百模大战”。而钉钉清醒地意识到了两件事情。

第一，如果说承接移动互联网浪潮的（或者说受益者）是支付、电商、出行、个人娱乐等应用场景，那么钉钉认为承接生成式人工智能浪潮的第一个场景会是办公场景。

第二，大模型要从玩具变成工具，需要能够真正解决企业与个人生产力的问题。也就是说，大家的注意力最终会从大模型转到应用层。

实际上，钉钉是阿里集团接入“通义千问”大模型的第一个产品。

就在阿里发布“通义千问”一周之后的4月18日，在北京召开的“2023春季钉峰会”上，钉钉用一根魔法棒——斜杠“/”开启了一个新世界。叶军在现场实景演示了接入大模型能力后的4个钉钉高频场景。

“钉钉太快了”，现场的很多媒体评价称。而在演示过程中，线上直播间也涌入了很多围观的人。

每一波技术都有其一定的周期性，公司如果不及时踩住就会滑坡，就像2015年的移动化，很多公司没踩住就滑坡了。微软也没有踩住移动化，但是踩住了云，这波又踩中了人工智能，所以就发展起来了。

作为国内第一大生产力平台，以及业务结构最像微软的公司，钉钉有着国内其他大模型公司所不具备的优势。

第一个优势就是钉钉具有丰富的AI应用场景。

在协同办公领域，通用功能其实都差不多，钉钉的真正优势就在于，它平台上有7亿用户。换句话说，钉钉的竞争壁垒构建在它丰富的办公和业务数字化场景上。

钉钉的第二个优势是它有7亿用户的海量需求。

截至2023年，钉钉已经在阿里的体系内孵化了9年的时间，平均每两个中国人中，就有一个人在使用钉钉。根据 Questmobile 的数据：钉钉上的平均月活用户数已经超过了 2 亿。中国第九次全国职工队伍状况的调查结果显示：全中国职工总人数为 4.02 亿人左右。也就是说，钉钉上活跃着大量的中国工作人口。

而钉钉的第三个优势就是公有云市场份额排名中国第一、全球第三的阿里云。在对人工智能应用至关重要的算力方面，钉钉是阿里云的受益方之一。因为钉钉与阿里云的很多能力都属于深度合作。过去，钉钉有大量工作是在连接云的底层能力，其中包括账号体系、权限体系、各种计费体系的连接等等。这些积累不可能一蹴而就，很多公司都没有这个基础。

换句话说，拥有“阿里模型层 + 应用层”这一理想业务结构的钉钉，将率先探索一系列问题的答案：AI 在中国办公场景下将如何落地？ AI 又将给中国的办公场景带来哪些改变？

值得一提的是，尽管钉钉是中国市场上最快推出智能化应用的企业级软件服务公司，但是下游市场还是觉得不够快。由于 2022 年底 ChatGPT 已经轰动出圈，中国协同办公软件的整个下游市场都已经蠢蠢欲动。

从 2023 年 2 月开始，钉钉就收到了大量客户的海量需求。这些需求来自各行各业，有的来自知名中学的教师，有的来自大企业的首席信息官，还有许许多多来自中小企业公司的老板。他们都迫切地希望能够尽快用上有人工智能加持的生产力工具。

当然，这种期待也伴随着焦虑。有些客户甚至已经等不及了，他们自发地在钉钉上接入了 ChatGPT 进行使用，还在社交媒体上分享自己的感受，一度引起了关注。

尽管在主观上，钉钉当时非常清楚办公场景是承接生成式人工智能浪潮的最佳场景，但在客观的时间表上，钉钉团队几乎是被市场所逼：2023 年春节后，钉钉就开始了加速期。由于当时整个钉钉团队只有 1500 人，船小好掉头，内部的所有其他项目都把优先级让位给了 AI。

由于钉钉是一款用户量特别大的应用，通常来说，在做决策时，钉钉会优先考虑这件事能不能让最多的人受益。也是基于这一原则，钉钉在决定哪些功能先接入 AI 时，依据的是钉钉上客户对功能使用的高频程度，因为这意味着这些功能将会是目前中国企业最需要的 AI 应用场景。

很快，钉钉团队就找到了钉钉内部最高频的场景。这些场景覆盖了大部分用户日常的行为。最后，钉钉决定首先推出 4 个 AI 应用场景，它们是文档、音视频会议、IM 群聊，以及低代码的应用开发。

在 2023 年 4 月 18 日的“钉峰会”上，钉钉现场演示了这 4 个目前企业最需要的 AI 应用场景。

在钉钉文档中，通过魔法棒——斜杠“/”，用户就可以进行创意类创作，比如拟标题、写诗、写故事、润色文案、生成海报等。

在音视频会议中，通过魔法棒——斜杠“/”，用户就可以开启智能会议摘要功能，为新入会的成员快速总结会议内容，会后还可以一键生成议程回顾、重点内容、待办事项等。

在IM群聊中，通过魔法棒——斜杠“/”，新入群者面对海量的消息，将不用再辛苦地翻看聊天记录，因为“/”可以自动生成聊天记录摘要，帮助用户快速了解上下文，同时具备直接生成待办、预约日程的延展能力。当然，用户也可以用“/”来协助创作文案、生成表情等。

在应用开发场景中，通过魔法棒——斜杠“/”，用户就可以用自然对话生成应用，包括生成投票应用，手绘表格、板书拍照后自动创建低代码应用，还可以通过对话修改应用的内容。

此外，钉钉还推出了专属机器人功能。借助魔法棒——斜杠“/”，用户就可以一键创作自动学习的专属机器人，而不用再去手动设定问题和对应答案。专属机器人可以自动学习一篇文档、一个网页或者知识库链接中的内容，智能生成对话问答。机器人还可以不断地学习新文档，自动新增、更新问答内容。

需要注意的是，在以上所有AI应用中，钉钉的斜杠“/”都是其智能化的超级入口，在IM群聊、在线文档、音视频会议、应用开发等场景中，用户只要输入“/”，就可以一键唤起钉钉的智能化能力。

斜杠“/”是计算机语言，很多程序员喜欢用。接入AI能力后，斜杠变成了一根魔法棒，人的指令就是“咒语”，通过“斜杠＋自然语言”指令唤起AI能力。

这也和人机交互发展的历史有关。回想过去30年的技术发展，最早的时候，人们依靠代码DOS来和机器进行交互。到了Windows时代，人们开始用鼠标GUI（图形用户界面）来完成工作。而苹果公司的苹果手机出现后，人机交互又迎来了转折，从此以后，大家都可以用自然的触感去操作苹果手机。而当大模型到来时，人类的人际交互方式又进化了一步，变成了更加自然的自然语言界面（LUI）。

不过，此次发布会只意味着钉钉智能化的开始。实际上，钉钉团队根据钉钉上的数据首批挑选出来的高频场景，远不止上述4个应用。钉钉的许多其他AI新场景也正在紧锣密鼓地研发中，包括搜索场景、知识库场景以及客服助手场景等等。

那具体在什么时间，钉钉平台上的7亿用户都能够使用上钉钉的魔法棒功能呢？

当时，钉钉给自己设定了一个目标，那就是：未来一年内，也就是到2024年3月底，钉钉的核心场景将全部具备智能化的能力。如今这一目标已实现。

2023年4月的春季钉峰会，也可以视作钉钉开启全面智能化战略的一个里程碑，原因有如下几点。

第一，低代码也是革命性的工具。低代码的本质是让技术走向了不懂技术的人。但是大模型带来的影响，比低代码还要“低代码”。也就是说，钉钉推出这两者的目的都是降低技术的门槛。

不过，这两者的不同之处在于：如果说钉钉发布低代码等产品是在做内部的产品增量，那么这一次宣布全面拥抱智能化，钉钉动的其实是根基——因为钉钉上所有的系统都将被重新改造。而智能化，将是对钉钉整个产品范式的一次重要颠覆，也是钉钉一个重要的里程碑。

第二，拥抱智能化也意味着钉钉的商业机会。与以往都不同，这一次钉钉从开始智能化的第一天，就存在着商业化的可能。这也意味着，钉钉的算力消耗可以得到一定程度的控制。

目前，全球业界针对 AI 的应用，主要有两种定价方式。一种是采用订阅制的收费方式，如微软公司的 Microsoft Copilot for Microsoft 365。它可以协调 LLM、Microsoft Graph 中的内容，以及 Microsoft 365 的应用（如 Word、Excel、PowerPoint、Teams 等）。这款产品被定位成具有实质性优势的高级附加组件，它从第一天就开始收费，初始价格是每位用户每个月 30 美元。

而另一种定价方式则是依据用量计费，如通过聊天平台 Discord 来提供 AI 图像生成服务的 Midjourney。不过，除了大家所熟知的每月收取 10 美元至 120 美元不等的套餐订阅费外，Midjourney 还同时采用依据用量来计费的方式。

目前，这两种方法钉钉都在考虑。

第三，钉钉之所以能够行动如此敏捷，成为国内第一个推出智能化的企业级软件公司，最大的原因还在于钉钉具有的基础性优势——阿里的技术储备。

早在 2022 年 11 月阿里召开云栖大会时，钉钉就已经接入了大模型。当时，云栖大会的技术主论坛上讲了大模型，还有人用钉钉 AI 机器人来画图。只不过在当时，钉钉接入大模型后做的产品功能比较简单，主要就是写诗和画画。

换句话说，钉钉拥抱智能化，其实一切都早已经准备就绪。

用 AI 把钉钉重做一遍

就在这场春季钉峰会的现场发布会后，叶军分享了一个重要观点，那就是：从 Low Code 到 No App（没有应用软件）的过程。

他认为，未来 SaaS、PaaS 跟 IaaS 的结构会被打掉，而 App 也将成为过去式。

这里的逻辑是：智能时代可能会带来一个新趋势，那就是——连 App 也没有了。智能时代会绕过 App 的边界，直接触达数据。换句话说，现在大家都依靠 App 解决问题，但是未来，不需要有那么多 App 了，用户端有一个超级 App 就可以了。

这个超级 App 将实现两个功能。第一个功能是帮助用户解决与其他 App 之间的关系问题，这背后涉及的是大量数据之间的连接互通。

第二个功能是这个超级 App 会跟周边应用，包括打车软件、订房软件等集成到一起，这是一种新形态。以前都是链接、跳来跳去，但是未来的智能时代不会有跳转，不会有界面，也不会有 App。

叶军指出："我个人的判断是，未来是一个从 Low Code 到 No App 的过程。而智能入口就是核心的入口，它操作极简，把底层的数据都打通。这个过程一旦完成，格局将发生非常大的变化。"

按照他的设想，甚至底下的 SaaS、PaaS 和 IaaS 这三层都可能成为一个数据训练的前置条件。未来，这三层会被绕过，直接由 AI 层调用 MaaS。在一定程度上，MaaS 将取代 SaaS 和 PaaS，直接通过模型层完成提前的训练和感知，直接操作数据，根本不关心 IaaS 在哪里。一个 MaaS "界面 + 模型" 就能解决所有的问题。

这里的 "MaaS"，指的是 "模型即服务"。某种意义上，MaaS 也是一个 PaaS，因为模型其实就是 PaaS 的一类，但是 MaaS 又跟传统的 PaaS 不一样，MaaS 需要大量业务的训练，所以把 MaaS 划分到 PaaS 中是合理的。

还可以更通俗一点来理解，那就是钉钉就像一个火锅的底料，火锅里可以加蔬菜，也可以加雪花牛肉，但底料还是底料，"底料" 就是钉钉一直在做的事——PaaS 化。而随着 MaaS 变得越来越强，SaaS 在结合了 MaaS 之后，会拥有强大的能力。叶军认为，未来所有的生态都应该接入 MaaS。

而谁也没有想到的是，这样一来，那个关于钉钉的漏洞，竟然也一起被完美地化解掉了。这个漏洞就是：钉钉作为一款 To B 软件，体态过于臃肿。

这个问题曾经在相当长一段时间内是无解的。一般而言，一个软件的功能越多、越复杂，其体态就会越臃肿。而因为 To B 的第一性原理是解决问题，所以如果非得二选一的话，那么帮助企业解决问题是第一位的，解决问题比用户体验更加重要。这也就是钉钉要去做如此多复杂功能的原因。

但是，用户通常感受到的只有前台的界面，并不知道钉钉的强项其实是后台。举一个例子来说，信息安全对于企业非常重要。比如，宁德时代不允许某些类型的手机登录，钉钉的后台就给宁德时代配置了只允许某几款手机登录的功能。

现在，智能化的到来一下子就把钉钉的这个老大难问题解决了。这背后的逻辑是，由于智能化的介入，钉钉用户与界面的交互会变得十分简单。换句话说，钉钉最后会变成下面这样的情况。

一方面，钉钉上的功能会继续越来越复杂，同时，钉钉的开发门槛也会降低，钉钉上的生态也会越来越多。但另一方面，钉钉用户感受到的交互界面会变得十分简洁，因为钉钉很多功能的第一入口都将变成用自然语言去交互。

最后，钉钉将成为一个超级 App，这个 App 的搜索功能将会越来越强，而很多聊天窗口中的小按钮则会逐渐地淡化。

必须指出的是，应用的丰富性是 AI 商业价值落地的基础，也是 AI 从技术转变为生产力的关键。但是与其他办公协同领域的玩家相比，钉钉最大的优势其实就在于它的业务场景化做得更好。因为钉钉有大量的业务语义能力，包括低代码应用、酷应用等。

换句话说，钉钉的强项是业务数字化的能力。相比之下，很多单纯做协同办公局部工具的厂商需要准备的东西还很多。

2023 年春季钉峰会后，钉钉作为一款企业级软件展现出了分秒必争的 AI 化速度。

在 2023 年 4 月 18 日“钉峰会”上实景演示了 4 个 AI 场景——钉钉文档、音视频会议、IM 群聊、低代码应用开发之后，2023 年 5 月底，钉钉就面向企业用户，正式启动了对钉钉魔法棒——斜杠“/”的邀请测试。这些企业将在钉钉的应用内，实时测试上述 4 个生成式人工智能应用场景。

第一批被邀请测试的企业中也包括了众多的科技媒体。数百名媒体记者马上就投入到了紧张的测试中。他们很快发现，智能化后的钉钉文档与海外已经名声大噪的生产力及笔记应用 Notion 很像，这两款软件都围绕着办公内容生产的自动化设置了十几个场景。

不过，与 Notion 不同的是，钉钉把“文生图”与“文生表格”的能力也一起放进了文档里。这样做的最大好处是，用户在工作中可以在一个界面完成写作、插图以及表格的植入，这将大大提高职场人士生产内容的效率。

紧接着，大家又开始尝试钉钉文档中的“文生表格”功能。

在钉钉文档中的钉钉表格或者数据平台中，AI 可以汇总分析一份数据量庞大的表格，生成数据透视表、分析图表，也可以自动美化布局。这改变了传统表格的操作方式，用户只需要用自然语言描述需求，这降低了使用门槛，让更多人成为Excel使用高手。

而在钉钉的AI应用生成方面，一个“傻瓜级”的功能——“识图搭应用”最为出圈。这个功能允许任何人通过拍照的方式来让钉钉识图，然后快速生成应用，非常适合不会写代码的人。

举一个例子来说明：假设你是一名零售门店的工作人员。在结束一天的工作后，你用纸和笔画了一张当日发生的重要零售数据图，接着，把图上传到钉钉的“识图搭应用”里。很快，机器人就会将这张图变成一个电子应用，供你预览。

如果你在预览时发现表格的标题不完整，还可以手动修改。这个时候，页面会飞快地转到钉钉在2020年推出的低代码应用平台——宜搭上。

换句话说，用户使用AI生成的这些应用其实也可以打通钉钉以及公司内部的系统。比如说，零售人员可以在群里实时提交当日的重要零售数据跟进记录，这些相关信息都可以通过宜搭接口迅速同步到公司内部的CRM系统中，以打通数据实现数据的回流。

此外，由于钉钉已经把低代码的各类通用模板都定向用来训练大模型，因此钉钉的大模型里早已经沉淀了千行百业（制造业、医疗、建筑等）以及各类高频业务场景（人事行政、财务报销、生产制造）中的上千个应用模板，构建了大量业务的know-how（行业知识）数据，可以根据用户的指令来智能推荐并补全业务应用信息。

钉钉群聊 IM 中的问答机器人也是一个很有意思的 AI 功能。

这个机器人可以让任何人或公司在投喂给它文档之后，就定制一个专属于自己的 AI 对话机器人，然后智能生成对话问答，之后，这个群里的每一位群成员都可以在群里 @ 它、向它提出各种各样的问题。

例如，你是一位负责新人培训的主管。过去，你在做新人培训时需要一遍又一遍地告诉新员工有关公司的相关信息。之后，你还可能打印一堆资料给到每一位接受培训的新员工。但是现在，你可以把相关信息投喂给钉钉群聊 IM 中的这个问答机器人。这样一来，新员工们就可以随时随地通过 @ 机器人，获得公司内部的规定和遇到一些事情时的标准做法。

显然，这种 AI 应用将在公司的社群运营、客服答疑、新人培训、公司制度落实以及各种专业类内容（如法律等）相关工作中大有可为，并大大地帮助公司节省人力，提升分析问题及寻找答案的效率。

当然，钉钉还有群聊 AI 方面的其他功能。比如，在面对群内海量聊天记录时，能一键自动生成聊天摘要、提炼出重要的信息。

此外，钉钉会议还可以实现无时长限制、无字数限制的摘要功能。对于一场两个小时、发言内容一两万字的会议，以前公司需要花钱或找人力来做速记。但是现在，钉钉会议会根据内容进行自动化的智能章节划分，最终根据信息整合类似的内容，生成几个大的议题摘要。

需要注意的是，就在2023年5月4日，远在大洋彼岸的Salesforce也推出了一个名叫SlackGPT的AI工具。

SlackGPT被嵌入到了Slack的核心功能里，具有集成到应用本机界面的功能，并可作为用于自定义工作流程的无代码工具。通过这个AI工具，Slack的用户也可以一键点击迅速“总结”错过的内容，并可以在大家讨论的场景下根据音频记录生成智能摘要并将其放入聊天中。

但是Slack的高管们称，要到2024年才能够正式上线该功能。换句话说，钉钉在推出群聊AI的速度方面要比Slack快很多。到2023年7月底，钉钉已经用人工智能重构了钉钉上的12条产品线、40多项场景。

2023年8月底，钉钉又完成了17条产品线、55大场景的智能化改造，逐步实现了“用大模型把钉钉产品重做一遍”的目标。而此时，距离钉钉在4月18日春季钉峰会上宣布接入通义大模型、发布魔法棒“/”并推出4个企业最需要的AI应用场景，仅仅过去了120天。

2023年11月3日，钉钉迎来了一个重要的里程碑：在超过50万家企业内测之后，钉钉对外宣布钉钉的AI魔法棒正式上线。

新的钉钉AI魔法棒可以作为AI的独立功能使用，只要用户在钉钉应用的首页“/”内输入一句话，AI就可以识别用户意图并提供相应的 AI 技能。同时，用户也可以在有需要时在 17 项产品的界面中点击魔法棒按钮，启用 AI 服务。通过融合用户工作的上下文对话、应用数据以及所在产品界面的实时活动，钉钉 AI 为用户提供强大而灵活的即时帮助。

当然，钉钉 AI 魔法棒的一大特点是统一的自然语言交互入口。在大模型的支持下，各类场景、应用的交互从过去点菜式找入口，转变为自然语言对话的方式。目前，在 AI 魔法棒“/”内，可以一站唤起聊天、宜搭、智能问答、文档、应用咨询 5 类近 20 种技能，简化操作路径，对话即所得。

如其中的智能问答，可以让 AI 快速读取一篇长文档、PDF 文件，或者学习一个知识库内的所有钉钉文件内容，通过提问即可生成更加准确、来源清晰的答案，打造基于知识库的小助理。它既可以帮助用户摘要总结，也能一键直达原文出处，5 秒搜到海量文档，更高效地获取知识库内容，提高知识生产与消费的效率。

而聊天 AI，则能够提供聊一聊、摘要、客服等功能。通过聊一聊可以对话、获取各类知识；“摘要”能自动整理单聊、群聊中的要点，大量群聊消息不用翻聊天记录浏览，可快速了解关键信息；如果在使用钉钉时碰到问题，向它提问，可切换成客服功能，一句话让 AI 完成修改群昵称、功能咨询等。

文档 AI 则可以实现通过对话创作各类文稿与图片，例如，撰写产品说明、职位描述、总结报告、竞品分析等文案，或者生成多种风格的图片、海报，提取文档摘要等，也可以一句话生成思维导图、制作 PPT。

宜搭 AI 则开放了对话生成应用、咨询等功能，用户只需提出要求，例如想要的应用、流程或机器人，就可以让 AI 在几秒钟内创建应用，或推荐优秀的应用案例。生成的应用还支持继续对话修改，或者在企业、群聊快捷栏中启用。

在宜搭 AI 中，开发应用、门户不需要任何代码，AI 在识别用户对话的需求后，可以智能开发低代码应用、搭建企业的门户页面，也可以通过对话让 AI 修改所开发的低代码应用、门户。

应用咨询 AI 则是钉钉应用市场的选品助手，可以帮助用户推荐、对比 SaaS 应用或者行业解决方案。应用咨询 AI 还可以根据用户输入的要求推荐应用，并完成产品的介绍、对比、开通的完整链路，可以针对多款 SaaS 应用进行详细的对比分析。

BI 数据分析，例如合同数据、Excel 数据图形化分析、应用数据分析、数据分析汇总，通过对话即可完成。

对于客服咨询，在 Teambition、宜搭、钉钉客服、应用市场等场景中，如碰到功能使用、模板推荐、应用选品等问题，可以向 AI 发送一句话完成答疑解惑，就像每个人都有专属的小助理。

Teambition AI 还可以根据用户输入的需求，推荐并搭建项目模板，包含了项目需要的各项工作流和任务，降低了项目管理的门槛；项目进行过程中，也可以通过 AI 智能生成项目周报、报表。

此外，基于 AI 快速的处理能力，钉钉多项产品也升级了一系列实用功能。例如，日历智能海报可根据日程主题智能编写海报正文、自动实现人物抠图，5 秒钟生成一份美观实用的智能海报；在视频会议中，只需要通过对话即可生成虚拟背景，或者完成静音、邀请、查找功能等操作，简化操作路径。

自此，钉钉聊天、文档、知识库、脑图、闪记、Teambition 等 17 项钉钉产品，以及 60 多个钉钉的 AI 应用场景全面开放测试。钉钉的所有用户都不再像以前一样需要申请才能使用钉钉的 AI 全家桶，而是可以直接使用。

钉钉也成为国内第一个全面开放 AI 的工作应用。

用 AI 帮企业降本增效

在钉钉全面拥抱智能化后，钉钉上的企业也开始热情高涨地进行探索。

根据国际数据公司 IDC 在 2023 年底和钉钉共同开展的一次调研，随着通用智能化能力的实践推广，AIGC（生成式人工智能）会优先在 B 端用户中实现场景的落地，企业首先考虑的将是与生产力和办公相关的场景。其中的原因包括以下几个。

第一，商业因素：B 端客户面向 AI 新技术的付费意愿、流程成熟度、价值收益、市场就绪度等都更为理想。考虑到当前大模型的投入成本以及预期收费标准，IDC 认为 AIGC 能够为 B 端企业客户带来直观的降本增效成果，并有望以此为基础获得更多超预期的价值收益。但需要注意的是，由于行业发展基础不一，不同行业领域及不同业务场景间的预期差异可能较大，“找到技术与场景结合点”既是目标也是难点。与此相对应，面向C端用户推出的AIGC应用往往结合着对创新商业模式的探索以及对市场教育的投入，这会延长其构建商业闭环的时间周期。

第二，技术因素：AIGC擅长管理广泛的数据资产和知识沉淀，因此在一些先发场景中具备确定性的发展优势。IDC一项针对全球企业的生成式人工智能调研结果显示，知识管理型应用是AIGC现在最受组织青睐的应用场景，在搜索、地图、数字人、智能对话、推荐以及业务流程优化等场景中也表现出巨大的潜力。这些成功的应用不仅提高了AI技术的影响力和认可度，也促进了相关行业的发展。

第三，产业因素：AIGC的泛化能力为企业提供了更多的生产优化与创新路径选择。因此，新一波AI浪潮的红利有望最先出现在与企业运行密切相关的显性业务中，以设计、开发、生产、运营和办公为代表的场景化应用最为典型。IDC预测，到2025年，35%的企业将掌握使用生成式人工智能来开发数字产品和服务的方法，从而实现比竞争对手高出1倍的收入增长。

在2023年钉钉魔法棒共创的50万家企业中，同为互联网原生企业的新浪微博是第一个吃螃蟹的人。

就在2023年4月钉钉宣布全面智能化战略后不久，新浪微博签约专属钉钉。在新浪微博COO（首席运营官）王巍看来，钉钉的产品体验、开放平台和魔法棒“/”所代表的AI能力，足以打动此时此刻的微博。

钉钉真的用大模型重做一遍意味着钉钉上企业的业务流程也将发生变化，甚至企业的组织结构、管理方式、人才配比，以及衡量人才的标准等，都将随之发生变化。

此外，企业老板们还非常关心以下这些问题：人工智能到底会在企业的应用中带来多大的经济效益？人工智能会不会影响普通人的就业？人工智能又是否会在某些领域取代人类的工作？

其实，针对第一个问题，已经有企业给出了答案。

前文提到的艾为电子是一家芯片设计公司，专注于高性能数模混合信号、电源管理、信号链等 IC 设计。

芯片类产品种类繁多、参数复杂，专业性又非常强，需要服务的客户数量也很多。艾为电子累计已经有 42 款子类产品，有超千款拥有自主知识产权的芯片，服务近千家客户。

每一款芯片产品都附带有几十页甚至上百页的产品手册。客户在使用过程中，会随时给艾为电子发来咨询，可能在线上，也可能通过电话。以往，这些咨询都是公司的技术服务工程师亲自解答，占用了大量的人力资源和时间。

如何高效准确地为客户提供产品参数信息，即时响应客户的咨询提问，既是芯片行业的一个痛点，也是一个很大的挑战。

艾为电子与钉钉共创，打造出艾为专属模型，并基于这一模型搭建了一款“IC 智能客服”，可以 7×24 小时为客户提供即时响应的咨询、答疑服务，将技术服务工程师成功解放出来，极大地减轻了他们的负担，并极大地降低了公司成本。

钉钉相信，随着 AIGC 在企业内的广泛使用，从协同深入到业务场景后，企业的业务流程将会省去很多交互环节，因为之后大部分的交互环节都会被自然语言交互所替代。

在经济效益方面，增效显然会带来降本。比如从具体的场景来说：在金融领域，AI 可以用来做量化交易；在大型国企、央企等需要大量数据分析的行业里，AI 可以提升业务判断的准确率；而在设计行业，也会因为文生图模型等人工智能而降本。

“其实，我们大力推广的低代码已经明显提升了企业的效率，因为原来很多企业就是跟外包公司讲需求，然后做系统的代码。但有了低代码后，基本上自己搞一搞，一两天就能搞定。慢一点的话，也就一两周时间。这是低代码带来的一种全新的研发范式，已经导致了很多人工环节消失。”叶军指出，“而现在有了大模型后，业务系统的创建速度肯定会显著提升。目前，钉钉还属于测试系统规模，样本空间不够大，没有一个明确的提升百分比的数据。但是我们相信，只要规模化地使用 AI，效率的提升应该是肉眼可见的。甚至最后，真的实现了‘No App’，其实就把创建 App 的时间省掉了。”

AIGC 对于职业的影响，按照岗位分类也会有所不同。

可以简单分为三类。其中第一类类似于客服这种行业，这些中的大部分可以直接用 AI 替代。第二类则是需要依靠经验积累的“模型职业”，如医生、律师等，这种岗位的效率会得到极大的提高。第三类也就是剩下的绝大部分企业岗位。由于以后人人都有智能化的工具，因此这些企业里的员工做一些常规性工作的时间也会被节省下来。

20 世纪 60 年代，美国经济学家威廉·鲍莫尔和威廉·鲍恩提出了一个问题：为什么教育、法律、医疗、表演、休闲等服务行业的成本和价格一直在上升，而有形商品价格持续下降？制造业等进步部门可以通过使用劳动节约型技术大幅提高生产率，使得产品成本持续下降，而技术进步没有惠及服务业。随着进步部门生产率大幅提高，服务业等停滞部门的成本不断上升。后来，人们将这一现象称为“鲍莫尔病”。

今天的问题是，AI 大模型将人类带到智能时代，AI 或许能够提高医疗、教育、法律、政务、创意、影视、娱乐等服务行业的生产效率，为解决“鲍莫尔病”找到新药方。

甚至于，人工智能还会影响企业的运营。由于人工智能对工作效率的提升速度是指数级的，因此一些单纯依靠人力与时长的运营模式也会被淘汰。

此外，由于人工智能是典型的“用增效来实现降本”的工具，因此每家企业与每家企业的老板都应该思考：在自己的公司里，有哪些环节是可以和 AI 相结合的？哪些场景又是可以使用 AI 的？

人工智能将如何影响企业的组织结构与管理方式呢？又是否可以在企业协作、创新和决策方面提供更好的支持？下面是叶军的看法。

“如果组织创新的本质是要发掘人才，找到业务的增长方向，增加利润空间，那么 AI 能够实现的就是穿透这家企业的业务和系统，把企业的所有行为数字化，为决策提供前瞻性的建议，把潜力股放在潜力业务上。而这几乎肯定会影响一家公司的人才配比，也将影响人才的评判标准。”

而这个能力将不再是一个高级咨询师的能力，因为基础的东西 AI 都已经可以解决。AI 的能力就是能让你迅速对不知道的事情了解到 80% 的程度。

而对于个体普遍关心的 AI 是否会取代人，叶军也曾在与知名人文学者刘擎的对话中，给出了他的观点：增强而非取代，是打开 AI 的正确方式。

行业竞争从来都是人和人的竞争，是会用 AI 的人淘汰了不会用的人，而不是 AI 淘汰了某些人。未来一定是擅长用 AI 的人更有机会。此外，需要在更长时间的维度审视技术发展带来的行业更迭，有些职业确实会消失，也会有新的职业因此诞生。如表 4–1。

表 4–1　技术革命对行业及个人的影响

	催生的行业 / 岗位	消失的行业 / 岗位
蒸汽革命	机械制造、冶金、铁路 / 火车	采棉工、家庭纺织
电力革命	电报、电话、电灯	叫醒工、车夫
信息革命	计算机、手机、生物工程	电话接线员、电报员、公交车售票员
智能革命	数字人力供应商、模型训练师	人力客服、基础广告文案、设计师、人工翻译

“每一次技术革命，都会催生出新的产业格局，造就一个时

代的新兴产业。如果今天一个行业还没有和AI结合，这个行业中没有人关心AI，那么它将岌岌可危。”叶军指出。

因此，有三件事情会变得愈发重要：第一，企业一定要准备好自己的专属模型；第二,一定要调动起员工对AI的学习兴趣与学习能力；第三，调整企业招聘的能力模型使之与人才相匹配。因为在未来，一个人写提示词（prompt）的能力甚至可能比学历还重要。以前，公司做的大部分招聘工作都是在执行层面，但未来人工智能会帮助公司做执行工作，人的管理能力也将会比执行能力更加重要。

“数字员工”出现了

就在用大模型重塑自身的同时，钉钉也在积极地降低AI技术的门槛，以让AI的能力能够为更多的生态企业所用。

2023年8月22日，上海，钉钉召开了一场名为“骑到AI背上去”的生态大会，这也是钉钉的第二次生态大会。钉钉宣布了将AI PaaS全面开放给钉钉的生态伙伴与客户。

这也标志着钉钉的智能化已经进入生态层。钉钉将帮助生态伙伴们用大模型完成产品的再造。与此同时，钉钉AI PaaS的开放也是钉钉PaaS化战略的进一步深化，是钉钉生态战略“PaaS First Partner First”主张的延续。

不过，什么是钉钉的AI PaaS？需要注意的是，大模型要从一个玩具变成一个生产力工具，就必须进入应用场景。但这里首先需要解决的一个问题是模型输入与输出的可靠性问题。

钉钉的 AI PaaS 解决了大模型的数据安全问题、性能问题，可以让大模型进入企业的上下文场景，降低了大模型的不确定性，也降低了企业开发运维的门槛，帮助企业数据与大模型建立联系，让大模型能力能够真正地为工作和协同业务所用。

尤其是这里存在一个很重要的问题，那就是数据隐私安全问题。

企业客户既想要训练数据又想保证自己数据的隔离与隐私，这就构成了一对矛盾。所以有些人问钉钉的第一个问题就是：能不能本地化部署一份？

“这是一个很现实的问题。所以钉钉搞 PaaS 一定程度上其实也是为了解决数据隔离的问题。”叶军指出，“我认为在钉钉把 API 给到生态伙伴时，这是必须解决的问题。不只是要解决 API 的测试、分发、诊断和运维问题，安全问题也十分重要。只有解决了这件事，才能真正地让智能化成为每个 ISV 愿意使用的 PaaS。否则，又会变成每家企业都说‘我还是自己搞个机房，回到数据中心的年代，自己弄算了’，这样就又回到老路上去了。”

也就是说，钉钉的 AI PaaS 上接千行百业的用户真实需求，下接大模型的能力，让大模型的能力能够真正进入工作场景。也因此，钉钉成为 AI 能力的超级入口。

那么，钉钉的 AI PaaS 又将如何为企业所用呢？钉钉的 AI

PaaS 其实包含三个部分，分别是模型调度平台、模型训练平台，以及插件开发平台。

其中，模型调度平台基于 AI 原生的设计理念，能够帮助钉钉构建从理解用户意图、制订执行计划，到连接钉钉的高频场域、融合记忆管理技术，再到插件执行调度的全链路能力，从而大幅降低开发 AI 技能和 AI 应用的门槛。

而模型训练平台则非常像一个“炼丹炉”。它可以让企业的专有数据更安全地进入调度平台，让大模型与企业的专属数据相结合，变得更加懂得企业与相关行业的知识沉淀，增强模型调度平台的使用效果。

第三部分插件开发平台则主要负责解决企业存量的应用和服务如何快速地被 AI 使用的问题。通过这个平台，企业的存量应用和服务可以快速地接入调度平台。

这三者都是钉钉 AI PaaS 的承载形式。基于 AI PaaS 的能力，在 2023 年 8 月，钉钉还和生态伙伴共创了一系列新产品，比如和 1 号直聘共创的招聘数字员工“1 号招招”。

钉钉推出的“数字员工”是指参与到业务流程中的虚拟员工。虚拟员工没有数量的限制，不仅能够以企业员工助手的身份进入企业通讯录，取得相对应的职务权限，还能够参与到企业的组织、协同和业务流程中去。

下面就是数字员工具有的一系列价值。

第一，数字员工可以进一步简化应用的交互界面。在酷应用的场景化、卡片化的交互基础上，数字员工用大模型的能力实现自然语言交互，更加符合人的交互习惯。通过钉钉上丰富的交互方式，数字员工还可以带来基于大模型的多人协同互动。

第二，数字员工可以盘活企业的存量应用，进一步变革应用的使用方式。

第三，数字员工不需要用数据训练大模型就能使用大模型的能力。与此同时，数字员工还将大模型与企业自身的数据、服务、应用无缝结合，并能够紧随大模型的能力迭代，是当下最务实、最适当的方案。

第四，数字员工还可以帮助企业进一步发掘数据的资产价值。在特定场景中，数字员工可以跨系统、跨应用地消费数据，进一步解决企业数据的孤岛问题。

第五，钉钉也可以成为数字员工与真实员工的协同平台。

综上，可以说，数字员工是钉钉继 2023 年 4 月 18 日在“钉峰会”上发布了魔法棒“/”后，在智能化道路上的进一步探索。作为企业员工的有力辅助，数字员工将能够协助企业员工完成一系列枯燥重复的劳动，让企业员工将更多的精力用于创造性工作。

值得一提的，还有数字员工与数字人 / 机器人的区别。

首先，两者都是辅助真人的工具，但是数字员工可以进入企业通讯录，根据服务的不同角色取得相对应的权限。而数字人 / 机器人只能够扮演信息的通道，不具备行动的能力。

其次，一般来说，数字人 / 机器人只能进行信息的问答，但数字员工根据所取得权限的不同，还具备理解真人意图、解决复杂问题，并直接获取结果的能力。

再次，基于生成式大模型和 AI PaaS，数字员工还具备不断地学习、扩展新技能的能力，但是数字人 / 机器人没有这些能力。

下面是钉钉与 1 号直聘共创的数字员工“招聘专员（1 号招招）”的案例。

“招聘专员（1 号招招）”可以帮助企业的人力部门撰写招聘启事、把信息发布到相应的招聘网站、回收简历、筛选简历并预约面试等。而真实员工与数字员工的交流，只需要通过自然语言就可以完成。

需要注意的是，目前，除了 1 号直聘–招聘专员，钉钉正在与生态伙伴共创的其他数字员工还包括易鲸云–AI 助理、WinPlan–财务数字员工、有成 CRM–销售数字员工、i 人事–数字员工小爱、酷学院–数字人等等。

而在钉钉与生态伙伴共创的智能化场景方案以及智能化行业解决方案方面，在 2023 年 8 月 22 日的钉钉生态大会上，叶军现场演示了会议场景、点餐拼单场景“快乐拼”以及 AI 小助教。

先来看一下会议场景。“钉钉会议”这个产品也利用 AI 实现了很多有意思的功能。第一个就是“数字分身”功能。

所谓“数字分身”是指，当你的时间表与会议有冲突，或这个会议主题与你的关联度没有那么高时，你就可以让你的数字分身去替你开会。在开会过程中，你还可以通过钉钉魔法棒的“/”

对话框，主动给你的数字分身设置一些任务。

比如，关注特定的话题，当有人讨论到该话题时，AI 会自动通知你，而且会直接告诉你相关的内容。你也可以设定数字分身每隔几分钟给你发送一个会议总结，甚至还可以主动与数字分身对话，了解会议现场的各种信息，如会议现场有哪些人、会议上有没有产生什么争议，数字分身还会在会议结束后自动向你推送会议摘要。

“钉钉会议”第二个有意思的功能，就是用自然语言来做会议的智能控制。

过去，很多用户曾经吐槽钉钉的功能太多，钉钉会议等的入口不好找。对此，尽管钉钉已经做了大量的简化工作，但会议这个产品对于一些用户来说使用门槛依然有点高。

为此，钉钉通过钉钉魔法棒“/”里的智能助手，把钉钉会议入口的功能操作简化了，用户只需通过自然语言提出需求，AI 就会自动识别用户的意图并帮助用户完成操作。

举个例子来说，假设在线会议人比较多时，有人不小心把麦克风打开了，此时，要找到这个人并把他的麦克风关闭会比较麻烦，但是你可以通过口授 AI 来操作。同理，拉人加入会议时，也可以直接打字拉人，而无须关心钉钉会议的入口在哪里。通过这些 AI 能力，钉钉会议的操作和管理一下子就变得更简单了。

“钉钉会议”第三个有意思的功能，就是“文生虚拟背景”。

根据钉钉的调研，虚拟背景功能一直很受用户的喜爱。尤其是在过去几年的疫情期间，钉钉上数以亿计的学生把这个功能玩出了花样。他们一会儿“在太空里上课”，一会儿又“在大草原上上课”。

而其实，这个功能在成年人的日常工作中也经常会用到，因为它可以有效地避免背景杂乱的尴尬。事实上，大家以前就已经用上了这一功能。比如说，除了使用钉钉上已经存在的模板图片，大家还会自发地去外网搜索下载图片并上传。但是现在不需要这些复杂的操作了，钉钉通过文生图就可以自动生成虚拟背景，让每个人的背景都具备个性。

根据钉钉的说法，接下来，钉钉会议也将通过 AI PaaS 逐步做应用的开放，帮助钉钉的合作伙伴做场景的升级。甚至在未来，更多的生态产品（比如面试、白板等应用）还可以嵌入到钉钉的会议中使用。

近期，钉钉已经在和招聘合作伙伴共创一个叫“面试助手”的功能。企业的人事部门负责人和工作人员通过对话 AI，就可以在面试过程中获取简历内容、沟通信息等，得到实时的辅助。

另外一个例子，则是具有点餐拼单场景的“快乐拼”。这是一款由钉钉与饿了么共创的智能化产品。

简单讲，“快乐拼”可以实现用自然语言在钉钉群内点单、拼单，同时无须离开群聊就能实现一键付款。让我们来想象这样一个场景：结束了上午辛苦的工作后，中午时分，几位员工 A、B 和 C 决定一起拼餐。

这个时候，C 想吃的东西和 A 一样，于是 C 就在钉钉群内输入了“我和 A 一样”。由于基于钉钉的 AI PaaS 可以让大模型进入企业的上下文场景，因此“快乐拼”应用能马上识别出“A”是一个人的名字，从而对输入的语言进行正确的理解。

再来看一个教育行业的智能化方案——AI 小助教。

需要注意的是，教育机构是钉钉的重要客户群之一。从 2020 年疫情开始，钉钉总共服务了 1800 多个区县的教育局、21 万所学校、800 多万老师和 1.4 亿学生及家长，服务范围几乎覆盖了国内近一半的教育机构。钉钉的数字技术在局校协同、家校社共育、低代码教师工具等方面，都为教育数字化的上半场提供了帮助。

如何正确开启教育数字化的下半场？AI 将展示它的力量。比如“AI 小助教”，它就是一款由钉钉与其生态合作伙伴蜜蜂联手打造的教育智能化方案。

简单来讲，“AI 小助教”可以实现智能批改作业、沉淀学情数据、生成备课建议以及讲解 PPT 等功能，以帮助劳累的教师减轻工作负担。下面就是“AI 小助教”的能力说明。

首先，“AI 小助教”可以帮助老师智能批改作业。在学生上传练习之后，系统会自动扫描作答的数据，启动 AI 辅助教师批改所有的客观题，如理科的算数、连线、画图，文科的默写、填空等，从而将老师从繁重且机械化的重复性劳动中解放出来。

其次，“AI 小助教”还可以帮助教师进行错题分析。因为“错题分布”会统计学生的错题情况，所以老师能够纵览这份练习中学生的错题率，并在点击学生提交的练习图片后，具体查看学生的错题情况，以了解学生的知识点掌握情况。

再次，“AI 小助教”还可以帮助教师进行错题 PPT 讲解。这是指，在每一次练习之后，老师会借助斜杠“/”对错题进行分析，还能够根据学生的学习情况自动生成错题讲解 PPT。

综上，一套流程走下来，从题目批改到错题分析，再到错题讲解，就自动完成了。

2023 年 11 月 9 日，钉钉在世界互联网大会乌镇峰会的专场活动上，宣布了 AI PaaS 全量正式上线，将面向全社会邀请企业和开发者体验与共创。

此时，第一批与钉钉共创的 6 家生态伙伴基于 AI PaaS 开发的“数字员工”和 11 款智能化 SaaS 产品，都已经上架到钉钉的智能应用市场。

为了进一步降低智能化开发的门槛，钉钉还推出了基于 AI PaaS 的无代码数字员工搭建助手——“小码钉”。用户只需要以自然语言和“小码钉”对话，就能够让“小码钉”快速搭建起属于自己的数字员工。这种数字员工可以通过自然语言完成文案创作、智能问答、数据分析、业务操作等日常工作。

AIGC 已经成为行业的“底座性变化”。就像此前的互联网、移动互联网带来了巨变，AI 也是一股变革的浪潮。过去，钉钉一直致力于不断地降低千行百业的数字化门槛，这一次，钉钉通过开放 AI PaaS，进一步降低了智能化应用的门槛——让 AI 的能力进入了钉钉上的数千万家中小企业，让这些中小企业都用得上、用得起 AI 的能力。

第五章　当 AI 成为助理

大模型需要“变小”

大模型从一个玩具到成为一个真正有用的工具，需要有两个重要的变化。

其中一个重要变化是与场景结合。例如，微软的生产力工具 Copilot 与其王牌产品 Microsoft 365 结合，解决了文本智能创作的问题。钉钉也有这个环境，因为钉钉有场景。

另一个重要变化是，需要有大量行业的专属模型。因为大模型其实只是一个底座模型，需要叠加上真正的行业模型才能够生成有用的工具。

因此，用智能化改造钉钉的工作，实际上就围绕着两个维度展开。

第一个维度是，与场景相结合，满足企业在沟通、会议等场景方面的需求。第二个维度是，在底座模型的基础之上，输入真实行业的信息。这样逐渐积累，行业模型就会越来越有价值。

在 2024 年 1 月 IDC 与钉钉共同发布的《2024 AIGC 应用层十大趋势白皮书》中，IDC 认为：大模型的未来发展，将趋向于通用化与专用化并行。通用预训练大模型固然能满足大多数领域的泛化需求，但是在面对很多领域长期存在的痛点问题时，企业迫切地希望 AI 能够承担起更多的专业化任务。企业不仅仅需要大模型实现“通识”，更需要其成为特定领域的“最强大脑”。因此，企业客户会产生越来越多的专属、自建模型需求，特别是一些中大型企业，通过对大模型的领域化适配，有望获得更加理想的综合收益。

IDC 的调研显示：目前有 60% 的企业使用大模型的公开版本，但两年后这一比例会迅速降至 17%，而更多的企业会将 AI 应用建立在私有、专属模型基础上；同时，高达 88% 的企业选择通过内部团队开发相关应用。由此可见，行业专属大模型已经成为企业未来的热点目标。

未来，各行各业都将会有自己的专属模型。甚至有可能，以后万物皆可以有模型——因为从理论上说，凡是我们眼睛看到的、耳朵听到的，都可以有模型。问题就在于客户究竟想解决多大的问题。

需要注意的是，如果我们把这句话（“客户想解决多大的问题。”）放大为中国企业这几十年来的技术变迁，那么这句话其实也深刻隐喻了中国企业从信息化到数字化，再从数字化到智能化的变迁，因为这些新技术的发展对企业的影响巨大。

那么，信息化与数字化的区别是什么呢?

信息化是指利用信息技术改造传统产业，提高传统产业的生产效率和管理水平。信息化的特点是信息技术主要用于提高生产效率和管理水平，但并没有改变传统产业的生产方式。

而数字化是指利用数字技术重构传统产业，并创造出新的产业和商业模式。数字化时代的特点是数字技术不仅用于提高传统产业的生产效率和管理水平，还用于重构传统产业的生产方式，创造出新的产业模式和商业模式。

如果用一句话简单地概括两者的区别，那就是：信息化是“通过降本来增效”，而数字化则是“通过增效来实现降本”。

当然，这背后除了技术的进步，更是时代的变迁。

比如，在过去“跑马圈地”的高增长时代，中国企业依托庞大的人口基数，只靠渗透率就能做成一笔大生意，因为尽人皆知的市场红利就摆在那里。就算企业有层出不穷的效率问题，这些问题也往往会被高增长趋势所掩盖。

但是白驹过隙、斗转星移，企业的增量时代已经挥手自兹去，存量时代慢慢降临，一些共识也已经发生改变。尤其是在疫情之后，线上办公需求猛增。不过，这些都只是表象。实际上，企业主的真正诉求不只是对着摄像头开会，在这个存量时代里，突然之间大家都意识到了“开源”很难，“降本”与“提效”则更是企业的痛点。

显然，时代已经从信息化走向了数字化。在数字化时代里，《三体》中降维打击的故事不断地在全球范围内发生着。商业组织利用新技术的赋能降维变革老生意的故事，在美国的硅谷、中国的海淀、印度的班加罗尔，已经率先轮番上演。

20 世纪 80 年代，美国沃尔玛公司通过发射自己的商业卫星，率先实现了全球库存的动态管理；20 世纪 90 年代，全球聪明的制造企业利用 ERP 再造了传统业务流程；21 世纪初，先人一步的消费品牌又利用电商工具，越过渠道的千山万水，打破了自身跟消费者之间的隔离之墙。而到了 21 世纪的 10 年代，移动技术又裹挟着 Slack 和钉钉，开启了企业组织在移动设备上“沟通即协同、协同即业务、沟通即业务”的新征程。

下面，就让我们先来看一个中国三、四线城市的消费品企业从信息化到数字化，再到智能化，利用技术赋能，不断变革老生意的故事。它发生在安徽省淮北市。

始建于 1958 年的安徽曦强乳业，前身是淮北市奶牛场。为了保障食品的安全溯源，曦强乳业在牛奶生产加工过程中设有 13 个检测点，比如原料奶收购、包料批次、杀菌监控、灌装记录、完工入库等等。每一个环节、每个小时，都需要有人进行巡检。

过去，曦强乳业的传统做法是在墙上挂一个打印好的纸质本子。巡检人员到这个巡检点的时候，需要用笔填写这个环节的真实情况。填写完毕，这些纸质的本子就会回收，存放到会议室或者仓库里。通常，这些纸质本子需要保存一定时间，以方便有关部门的检查。

对于这样的流程，无数中国企业都很熟悉。这种做法一方面需要设置专门的会议室和仓库来存放资料，起码需要一个几十平方米的仓库，另一方面还需要配备6个专门的巡检人员，而每年人员的成本至少是40万元人民币。每年打印这些巡检表，也需要不小的成本。

显然，钉钉内部的程序员并不清楚奶牛场的工作流程是怎样的。但是，曦强乳业的工作人员利用新技术的赋能，创造了一个独属于他们自己的解决方案——他们自己用钉钉的低代码工具，搭建了一个巡检ERP。

这个过程是：曦强乳业的一个工作人员用钉钉上的“低代码”产品，自己搭建出了一套系统，可以为不同的巡检环节生成不同的二维码。这些二维码被贴到曦强乳业这13个需要巡检的环节点位上，巡检人员走到这个点位时扫一下二维码，就会跳出表单，巡检人员只需要简单确认即可。

而除了生产加工环节，曦强乳业还把牛奶溯源的其他4个环节——牧草种植、牧场管理、流通销售和消费者环节，都实现了数字化。一旦出现消费者投诉的情况，在钉钉上输入牛奶的批次，就能够精准定位这一批次的牛奶总共有多少，流向了哪些站点，以及销售到了哪些终端渠道……

需要注意的是，此前，使用这种级别的系统需要花数百万元人民币，而且还不能保证一定成功。每年还需要有额外的维护费用。但是现在，曦强乳业只是用了一个技术人力，就在钉钉上搭建出了这套系统，工作人员用手机扫描一下，就能够方便地完成巡检和溯源。

那么，在智能化的时代里，曦强乳业的故事又可能发生什么样的变化呢？

首先，在智能化的时代里，曦强乳业甚至都不需要有一个技术人力通过低代码拖拉拽来搭建应用了，一个了解业务的巡检员，在纸上画一个表单，通过钉钉的魔法棒“/”就可以直接生成一个应用。生成应用的整个过程只需要不到两分钟。

其次，曦强乳业还可能会有一个专门针对乳业行业的中模型。这个中模型由对乳业行业非常了解的专家以及技术人员负责开发。之后，他们会把这个中模型叠加到钉钉的大模型上，从而生成对曦强乳业非常有价值的各种各样的更加细化的应用场景。

当然，在这个过程中，曦强乳业的数据资产价值也会越来越高。甚至于未来曦强乳业也很可能会专门针对自己的公司生成更多的小模型。也因此，曦强乳业的数据密度会进一步快速增加，最后由 AI 来处理曦强乳业的数据，这些数据会深刻而准确地影响决策。

大模型只是一个模型的底座，想要通过大模型来解决所有问题是不现实的。接下来，在各行各业马上会出现大量具有行业化特征的中、小模型。

这些中、小模型将主要由一些具有行业专业知识的创业公司（比如一些专门聚焦于医疗、法律等行业做专属模型的创业公司）来开发。它们实质上是在做不同行业应用化的策略。最后，它们会将这些行业的中模型输入给现在的大模型。

也就是说，信息化、数字化和智能化，其实是随着技术发展而产生的三个不同阶段。其中，信息化是数字化的基础，数字化则是信息化的延续和发展，智能化又是数字化的深化与拓展。

需要注意的是，接下来，专属模型之所以会得到快速发展，主要有下面几个原因。

第一个原因是数据的垂直化发展：随着人工智能技术的不断发展，数据的采集和处理能力也在不断地提升。这种情况下，各个行业的数据将会更加垂直化。每个行业都会积累起大量的具有行业特征的特定数据。而这些数据对于专门针对某个行业的专属模型的训练和应用至关重要。

第二个原因是行业需求的多样化发展：随着人工智能技术的不断普及，各个行业对于人工智能的需求也会更加多样化。有了专属模型，才能够更好地满足这些多样化的需求。

第三个原因则是算力的普及：随着云计算技术的不断发展，算力成本也在不断降低。这使企业能以比较低的成本构建和部署专属模型。

此外，随着智能化的深入，行业的专属模型也将在以下几个方面得到快速的发展。

首先，专属模型的准确性和性能提升。随着数据量的增加和算力的提升，专属模型的准确性和性能都将得到提升。这使得专属模型能够更好地完成特定的任务。

其次，应用范围拓展。随着技术的不断发展，专属模型的应用范围会不断拓展。专属模型将会被应用到更多的行业和场景中。

让我们来细化一些专属模型的应用场景。

在金融行业，专属模型可以用于信用评估、风险预测、欺诈检测等等；在医疗行业，专属模型可以用于疾病的诊断、药物的研发、医疗保险等等；在制造行业，专属模型可以用于生产线的管理、质量的控制、产品的设计等等；在零售行业，专属模型可以用于客户的分析、个性化的推荐、库存的管理等等。

“不过，不像大模型的通用功能，行业化的专属模型还是需要有特定行业的行业知识的。”叶军指出，“所以如果创业者在这些领域创业，需要找到相对应的行业专家，然后加上专门的技术人才，两边结合起来做，我认为这个空间是巨大的。”

再次，随着智能化的深入，行业的专属模型的成本也会大幅降低。这将使更多的企业能够使用专属模型。

下面是关于小模型的三个例子，都很有趣。

第一个例子，是关于分众传媒创始人江南春的小模型。江南春是写营销广告文案的高手，想着把自己写过的一些优秀文案全部输入一个专属的小模型中。这也就意味着，以后这个专属的小模型就成了一个“小江南春”。这个小模型会以江南春个人几十年的积累给你生成最优的文案。

第二个例子则和内容行业的自媒体有关。

假设有一家自媒体叫 A，A 就可以请专业人士把自己写过的所有文章全部做标注，然后输入模型进行训练。在这种情况下，要生成一个有 80%~90% 的 A 风格的文章是没问题的。

这样一来，就能够在很大程度上节省自媒体 A 的创作时间，也解决了内容精品化和量产之间的矛盾。

第三个例子来自海外——这是 OpenAI 的 GPT Store 中的一个 GPT 案例。

2023 年 11 月 6 日，奥尔特曼在 OpenAI 的首届开发者大会上宣布了即将推出 GPTs 和 GPT Store 的消息。所谓 GPTs 是指由 OpenAI 推出的 ChatGPT 的自定义版本，任何人都可以在不需要编码的情况下轻松构建自己的 GPT。

根据 OpenAI 的说法，GPTs 是一种新方式，在日常生活、特定任务、工作或家庭中更有帮助。例如，GPTs 可以帮助你学习任何棋盘游戏的规则，教你的孩子数学或设计贴纸，等等。

而所谓 GPT Store 则是一个由 OpenAI 运营的交易市场。在这个交易市场里，任何人都可以把自己搭建的 GPT 公开免费分享或出售。对于开发者来说，还可以通过编码操作将 GPT 与外部数据或服务连接起来，进行额外的定制。

需要注意的是，推出 GPT Store 交易市场，是 OpenAI 团队在插件计划发展不如预期之后进行的一个策略改变。尽管 GPT Store 被 OpenAI 推迟到 2024 年初才推出，但是到 2023 年 11 月底，全球的开发人员已经创建了几千个 GPT。

其中一个叫“询问休伯曼博士”（Ask Dr. Andrew Huberman）的 GPT，就非常类似于行业专家或者自媒体的小模型。

简单来讲，休伯曼博士是一个神经生物学领域的教授，他有一个健康类内容的播客，该播客有非常多的粉丝。这个 GPT 接受过休伯曼博士播客中每一集内容的训练。因此，只要问它与健康有关的问题，你就会得到简洁明了的答案。

比如说，你可以问这个 GPT：“我想增加肌肉，但是我每天只有 45 分钟时间来锻炼。这可能吗？”之后，你就会收到明确的答案，包括如何充分利用这 45 分钟来训练你的肌肉等。其中还包含来自休伯曼博士播客的语音信息。

你甚至还可以要求这个 GPT 为你设计一个以最少的努力获得最大收益的锻炼计划。你也可以通过它来解答关于你的睡眠、营养与锻炼内容的问题。

以此类推，似乎每个行业领域的自媒体专家都可以把自己写过的所有内容喂给一个模型做训练，以供自己公司内部使用，或者把它作为一个 GPT 产品对外收费。

可以畅想，未来，每一个企业都有深刻理解自身业务的专属小模型，并基于此形成自己企业的智能客服、智能导购、文案助手、AI设计师等。

解开 SaaS 的商业化死结

时光倒转。在 2016 年 4 月的一场晚宴上，有人问了 IDG（美国国际数据集团）创始合伙人熊晓鸽一个问题：为什么中国没有出现给企业提供软件服务的大公司？

其时，美国软件行业一片红火。随着亚马逊的云服务 AWS 逐渐成熟，到了 2011 年，硅谷顶级风险投资机构安德森·霍洛维茨的联合创始人马克·安德森写了一篇题为《软件正在吞噬世界》的文章，描述了基于软件的新兴公司将吞并无数传统行业的新局面。

此后的数年里，美国 SaaS 公司的创始人们高举着“软件吞噬世界”这一旗帜，横扫一切。Workday、Slack、Cloudera 等诸多软件公司，都成了超级明星。相比之下，中国的 SaaS 市场上不仅独角兽公司寥寥，整体氛围也是颇为寂寞。

这几年，凡是去过美国硅谷的人，都会被其中各种各样的 SaaS 公司所震撼。Dropbox、Zoom、Okta、Snowflake 等超级明星都已经是上市公司，而 Calendly、Notion 等新星公司则正在冉冉升起。

一众年度经常性收入刚刚达到 1000 万美元的公司，让中国投资人非常羡慕。美国企业为技术和产品的付费意愿如此之高，更是令中国投资人羡慕不已。相关数据显示，每家美国企业平均购买 5~10 种 SaaS 服务是一件稀松平常的事。事实上，光是硅谷创业公司之间的友情互买，就能撑起一家收入达到 1000 万美元的小巨头公司。

2020 年，来自美国身份验证软件商 Okta 的一组数据显示，Okta 的企业客户平均在业务中使用的独立 App 有 88 个。相比之下，中国市场则没有数据。

关于中国市场没有数据的原因，明势资本创始合伙人黄明明是这样说的："中国各行各业客户的信息化程度差异巨大，头部行业客户如银行等，已经可以自行研发 AI 助理。但是海量的长尾中小型客户还停留在用 Office 管理公司，甚至是用纸和笔管理公司的状态。"

换句话说，中美企业级软件市场的差异巨大。放眼国内，尽管"SaaS 的春天"已经喊了好几轮，但是中国的 SaaS 市场就是很难红红火火。

然而，大模型的出现非常有可能改变这一局面。因为大模型的到来可以真正把中国 SaaS 公司的价值做厚，从而解开 SaaS 公司的商业化死结。

叶军甚至将大模型出现的时间提高到了"中国的 SaaS 元年"这一高度。他指出："我的观点是，这一次可能才是中国 SaaS 真正的元年。"

此前，中国市场上的软件卖不动。一方面是由于以前所谓的SaaS元年，更多其实是一个信息化的过程，SaaS企业提供的价值有限。另一方面，大家都已经习惯了免费，SaaS厂商一旦要求收费，就会被骂。

而这一次的“大模型热”，恰恰给了中国软件公司一次机会。因为大家都可以自己训练模型，模型将越做越专业，所以中国SaaS公司产品的软件价值含量就会增加。而与此同时，模型本身是“在线”的，那么自然而然，市场就会形成一种订阅制的收费方式。“所以，AIGC给了中国软件公司一次非常好的机会。”

然而，对于SaaS公司来说，这一次的生成式人工智能是一次机遇，但是首先也是一场危机。

2023年4月10日，美国在云领域的著名风险投资机构BVP发布了2023年的云报告。BVP在这份报告中指出：“大语言模型革命是计算历史上最重要的发展之一。这一革命将改造SaaS的应用层，如果你是一家云公司的CEO，选择不使用人工智能战略，那么就相当于签署了死刑令。从现在开始起的10年后，能持续取得成功的公司将是那些已经或将在未来几个月内专注于人工智能的公司。”

SaaS公司也必然会接受一次智能化的改进。如果不改进，那么它们的产品很可能会被另外一些智能化的同类SaaS产品所取代，或者被自动生成的程序取代。换句话说，那些不愿意进化的SaaS公司将退出历史舞台。

现在的 SaaS 产品，解决的其实是以前老 ERP 软件“使用难”的问题。SaaS 这一新技术可以让软件部署的过程变得简单，包括一次性部署、不用买机器、到处可以用等等。但是有了智能化之后，所有 SaaS 服务商系统的运维过程都将变得更加简单。

大模型的出现，也将是 SaaS 公司整体使用范式的一次巨变。

未来，人们对传统 SaaS 界面的使用频率会下降，而基于自然语言交互界面的 SaaS 模型，加上行业知识构建出的一套新的交互界面，将成为人们高频使用的入口，成为标配。

举一个例子。假设你是一位做 ERP 采购系统的负责人。以前，采购系统做得最多的事就是各种内部设置，包括采用什么规则、什么人来负责采购、采购什么东西，以及供应商是谁等等，就是增删改查的工作。但未来，类似过程其实都可以转变为由一个大模型来产生类似于助理的角色，这个助理可以自动把输入变得结构化，并经过模型的预算，直接把输入结果拿到。也就是说，以后类似于增删改查的很多工作，都会被这样的方式直接取代。

此外，在 SaaS 领域还将出现的一个新趋势是：大的 SaaS 会变得越来越少，碎片化的 SaaS 则会越来越多。

这是因为，用户会越来越习惯于在一个超级 App 上通过自然语言调用各种 SaaS 能力，而不是一个一个点击 SaaS 界面去跳转使用。用户所有的需求交互都会在一个超级 App 的简单界面上，SaaS 有可能退化成背后的一个个服务。换句话说，SaaS 的界面会被拦截，这样用户就感受不到 SaaS 厂商的存在了。

实际上，未来不光是 SaaS 的界面会被拦截，很多 App 都会被拦截，并形成一场新的入口争夺战。

这就好比淘宝、京东和拼多多，假设有一个超级应用可以调用它们所有的商品信息和功能，你还会打开这些 App 吗？你不会的。直接告诉搜索引擎你要买什么，问题就解决了。所以，当大模型发展到了一定程度后，就会真的进入“No App”阶段。

当然，这已经不是一个纯技术的问题，还会涉及很多商业方面的问题。

比如，当真正进入“No App”阶段之后，技术会通过一个新入口把所有 App 此前建立起来的壁垒全都跳过。这个时候，就会涉及大家的隐私与数据安全、资产所有权的不确定性等等问题。

“如果没有一套好的规则制度的保障、政策保障，这种技术的进化就会带来混乱。因为以后用户买东西，就不知道这些东西是来自拼多多还是来自淘宝了。换句话说，这些 App 这么多年建立起来的壁垒一下子就全没了。所以，我的理解是整个变化会非常大，因为整个应用范式都不一样了。”叶军说。

此外，钉钉平台上另一个将因为钉钉 AI 能力而发生巨变的领域是低代码。

第一，智能化也将给低代码提供一个全新的创建机会，包括使其创建过程比今天的还要简单。因为有了智能化后，整个低代码的过程，包括修改、创建、部署、再修改、使用，全程一气呵成。几个人就能把事情全干完。而这也将使低代码的数量呈指数级增长。

第二，此前钉钉搭建的低代码能力也将藏到钉钉的魔法棒“/”的后面。因为未来所有的组件，都可以用自然语言界面的交互方式来做。但是在这个过程中，低代码并不会因此被干掉。因为人类使用信息与创作信息是两个不同的阶段。自然语言的交互方式解决的其实是信息使用的问题，它可以快速地指挥机器。但当机器返回信息时，在绝大部分场景下，视觉还是要比语音更加高效。

换句话说，我们在输入阶段，用自然语言交互的方式会比用鼠标的方式更方便，输入可以直接用自然语言去进行人际交互、去指挥，背后就调用了低代码和各种 API。然而，从输出的角度看，则很有可能还是用鼠标更方便，因为人类用眼睛获取信息的效率是最高的。所以，大模型并不会取代低代码，也不会使以前的低代码开发公司不存在，而是会加速某些环节。

第三，目前，钉钉实际上已经将低代码生成的程序喂给了大模型。这意味着不需要再担心低代码生成的程序会成为碎片被遗忘，没有人使用。

恰恰相反，大模型将能够随时随地调用起一个“冷宫”里的代码应用。因为在这些低代码生成的程序被喂给大模型后，大模型会记得并理解各个低代码的结构。而在几百万个低代码程序被喂给大模型后，大模型就将有机会随时随地抽取它想要的低代码程序，以及里面生成的记录。

需要注意的是，此前——在 2022 年 11 月，阿里在云栖大会上重磅推出了开源的 AI 模型社区“魔搭”ModelScope，其中蕴含的深意就是“魔搭”与钉钉的 AI 应用场景，其实是天然的上下游关系。

换句话说，大模型，尤其是行业的大模型，以后会越来越集中地出现在钉钉的平台上。然后，将会出现商业化的应用。而大家通过魔搭开源社区 ModelScope 把模型训练出来后，里面会有很多小模型，这些小模型可以在钉钉上的相应 AI 场景中使用，这样马上就能够转化为生产力，这些小模型也可以实现最终的商业化。

应用场景加上模型，两边需要有一个连接。从钉钉的低代码平台、宜搭，到开源社区魔搭，是不断发展的过程，宜搭解决了场景的便利性问题，而魔搭则解决了后端的模型能力问题，从宜搭到魔搭，代表了从效率时代到智能时代的飞跃。

而这整个过程，用一句话来概括就是：低代码平台、宜搭、魔搭、大模型生成小模型、开源的小模型，这些结合起来，真正产生生产力。

迎接你的“超级助理”

需要注意的是，2023 年下半年，AI Agent 的重要性已经成为美国科技圈的共识。

2023 年，OpenAI 被曝其最终愿景是做一个超级个人助理。

2023年6月，AI初创公司Inflection AI获得了来自英伟达、微软等公司及比尔·盖茨等个人投资者高达13亿美元的投资，公司估值冲到了40亿美元。这家初创公司由领英的联合创始人里德·霍夫曼与DeepMind的联合创始人穆斯塔法·苏莱曼共同创立，希望构建起一个可以帮助人们计划、安排、收集信息和执行其他任务的消费级AI产品，被认为是OpenAI的顶级竞争对手。

而到了2023年11月，微软公司创始人比尔·盖茨发表长文称：AI Agent将成为下一个互联网平台。

按照盖茨的定义，所谓AI Agent指的是对自然语言做出反应，同时根据对用户的了解来完成一系列不同任务的软件。

“时至今日，我仍然像微软刚创立时那样热爱软件。虽然几十年来软件已经取得很大改进，但在许多方面它仍然相当愚蠢。”盖茨指出，“(但)不久的将来，任何上网的人都能拥有一个由AI驱动的个人助理。谁能赢得AI Agent才是大事，因为你将永远不会再去搜索网站，不会再去生产力网站，不会再去亚马逊。”

紧接着，2024年1月9日，杭州，以超强执行力著称的钉钉，在钉钉7.5产品发布会上重磅推出了AI助理，还首次公布了与微软中国等公司的合作关系。

这也意味着钉钉正式跳入了AI Agent的浪潮。钉钉上的每个人、每家企业都可以创建个性化的、专属的AI助理。钉钉上的每位开发者、每家ISV也都能够低门槛地开发个性化的AI助理。

如果说钉钉在2023年4月推出的魔法棒是对“应用+AI”这

种类 Copilot 形态的探索，那么同年 8 月的数字员工则是一次超前的 AI Agent 尝试。不过当时，数字员工只能由企业创建，在组织内使用。而这一次的 AI 助理，则开启了人人都可创建的 AI 原生应用涌现时代。

钉钉将 AI 助理分为个人 AI 助理和企业 AI 助理。个人 AI 助理方面，每个人都可以同时创建多个个人 AI 助理。通过学习不同的知识，AI 助理将具备特定领域的专业能力，如工作 AI 助理、旅游 AI 助理、信息 AI 助理、健身 AI 助理等。

企业 AI 助理方面，每家企业的 IT 部门都可以拥有不同领域的企业级 AI 助理，如招聘 AI 助理、财务 AI 助理、生产力 AI 助理等。

企业的 AI 助理还可以与企业自身的数据相结合，充分使用企业所沉淀的知识库与业务数据，并在获得授权之后以对话的方式开展数据分析和洞察。

而更加重要的是，上述所有 AI 助理都可以连接到钉钉上的开放 API、连接器、生态应用、自建应用，或是通过开放接口连接到外部的第三方平台，实现跨应用、跨系统的业务流程执行。

需要指出的是，此前，在 2023 年 11 月，阿里巴巴公布了第一批 4 个战略级的创新业务，钉钉位列其中。阿里集团 CEO 吴泳铭提出：因为 AI 时代的到来，钉钉获得前所未有的想象力。每个人、每个企业都将具备个性化的智能助理，钉钉有望成为最好的 AI 智能助理平台。

从 2023 年 4 月 18 日钉钉宣布启动智能化，到 2023 年 8 月

22 日钉钉将智能化底座（AI PaaS）开放给生态和客户，用大模型帮助生态把产品重新做一遍，再到 2024 年 1 月 9 日重磅发布 AI 助理，钉钉产品的历程形成了一个重要而清晰的脉络——从自己先做，到拉着生态一起做，再到所有人都可以来创造。

此外，钉钉 7.5 的 LUI+GUI 模式也彻底解决了钉钉原先体态过于复杂、臃肿的问题。甚至于钉钉后端的这种复杂、臃肿，现在已经成了一种优势，因为 AI 商业价值落地的基础正在于应用的丰富性。

用户把钉钉更新到 7.5 版本后，点击钉钉页面右上方的魔法棒“/”，就能调用官方“AI 助理”。用户输入相关提示词，比如“帮我打开待办”，或“帮我更换钉钉图标”“帮我更换会议铃声”等，AI 助理就会飞快地帮用户调出结果页面，再也不需要到处找按钮。

截至 2023 年 12 月 31 日，钉钉的用户规模已经冲到了 7 亿，全平台低代码应用超过了 1000 万，全代码应用超过了 100 万。而且，钉钉上已经有 20 多条产品线、80 多个场景接入大模型，有 70 万家企业真正用上了钉钉的 AI。

叶军在此次钉钉 7.5 产品发布会上，又立下了一个目标：三年之内，要实现 1000 万个 AI 助理。需要注意的是，如果这一目标实现，钉钉将成为中国最大的企业级 AI 生态。

2024 年 1 月，IDC 在与钉钉联合发布的《2024 AIGC 应用层十大趋势白皮书》中指出：AI Agent 将成为大模型落地业务场景的主流形式。“AI Agent 通常被视为一种融合了感知、分析、决策以及执行能力的智能体。AI Agent 将视觉、语音和自然语言处理等技术结合在一起，形成了新的内容输出形式，实现问答、伴随和托管等更丰富的人机协作模式，在满足企业智能化需求的过程中，AI Agent 作为一种理想的产品化落地形态，正在承接日益复杂的提质增效需求，并强化内外部协同效能，释放组织核心生产力，对抗组织熵增带来的挑战。”

IDC 的调研还表明，所有企业都认为 AI Agent 是 AIGC 发展的确定性方向。同时，50% 的企业已经在某一项工作中进行了 AI Agent 的试点，另外有 34% 的企业正在制订 AI Agent 的应用计划。

此外，IDC 还指出了这一趋势下的两个重点。

第一，AI Agent 让“人机协同”成为新常态，个人与企业步入 AI 助理时代。IDC 指出，伴随着 AI 的能力发展，AI 助理将持续创造新的办公模式，包括在内 / 外部工作环境中建立新的协同处置方法，在数据智能分析中引入动态交互式的 BI 功能，以及在重要稿件的编辑过程中实现内容的自动化初创和审核等。

第二，AI Agent 将变革未来生产力的组织形式，对抗组织的熵增。IDC 指出，在 AIGC 时代，企业组织结构与社会生产关系在大模型的全局优化效应下，必然会朝着整体效率最高的方向发展。

IDC 还以钉钉为例指出：钉钉与 1 号直聘的合作，实现了人力领域的数字员工应用，融合 AIGC 技术自动化完成招聘、人才管理流程中的一系列任务。由此，1 号直聘不再独立建设 App，而是创新性地将后台的业务流程分解为不同的插件，完全融入了钉钉的能力体系中，让所有环节符合钉钉用户的使用习惯，也使钉钉的 AIGC 实现了细粒度的融入，解决了供需不匹配、信息不流通、缺少信任机制、高需低频、流程拥塞等长期痛点，是 AIGC 生态融入的典型范例。

2024 年 1 月 10 日，就在钉钉发布会的第二天，OpenAI 正式发布了备受瞩目的 GPT Store，并宣布 GPT Store 平台上已有 300 多万个 GPT。一个重要的问题是：以 OpenAI 为代表的大模型企业和以钉钉为代表的应用层企业，在做 AI Agent 时究竟有什么不同呢？

有意思的是，钉钉的 CTO 程操红，其实是 2023 年 11 月 OpenAI 官宣即将推出 GPT Store 后的首批 GPT 开发者之一。

在 2023 年的最后两个月里，程操红开发了一个类似于得州扑克的 GPT 游戏。游戏的规则设置很简单，包括需要找几个人一起玩，每个人初始有多少积分牌等等。

但在开发完之后，程操红发现了一个很大的问题：这个 GPT 只能分享给其他人，并且被分享的人还没有办法与程操红一起互动着玩，两个人只能各玩各的，里面的其他玩家则都是虚拟玩家。

这表明在做 AI Agent 方面，以 OpenAI 为代表的大模型企业与以钉钉为代表的应用层企业，存在着两个非常大的不同。

第一，经过 9 年的发展，钉钉已经具备了包括协同、沟通、办公等在内的最丰富的应用场景。如果把这些场景翻译成 AI 产品的语言，那就是钉钉其实已经具备了最强的 AI 行动力、行动系统的连接能力。也就是说，钉钉的“行动系统”很强大，因为钉钉的“手”与“脚”很多。

上述 GPT 游戏暴露出来的第一个问题就是无法协同。但你如果在钉钉上开发一个 AI Agent，马上就能把它分享到群里，马上就可以和大家一起享用，AI Agent 马上就可以行动起来。

第二，钉钉已经累积起最深厚、最个性化的数据，可以根据用户个人行为特征、偏好，创建出更适合于用户、更懂用户的个人 AI 助理。

以上两大优势，正好对应了比尔·盖茨对 AI Agent 的描述——对用户了解，以及能够完成一系列不同的任务。这两个优势（即个性化数据和场景），也是钉钉在 AI 产品方面最独特的两大优势，同时也是目前很多大模型厂商所梦寐以求的。

这里可以再举一个例子。在钉钉 7.5 产品发布会上，叶军还现场演示了一个用钉钉 AI Agent 来订机票的场景。其中有一个外人看不到的细节：用户在写类似的差旅提示词时，钉钉会把该用户在钉钉上的各种数据知识图谱拉进来。其中就包括 AI Agent 会从该用户所属的企业组织中读出差标准数据，包括公司所规定的差旅费限额等等。

也就是说，实际上你已经不需要再告诉 AI Agent 订酒店的时候不要超过多少钱，而这就是钉钉在数据上的结合与优势。但如果大模型厂商开发出这样一个 AI Agent，其背后的数据关系是很单薄的。

用一段话总结就是：钉钉有各种各样的场景，但 GPTs 没有；钉钉有超级多的行动系统，除了丰富的办公场景，还有 1000 多万低代码应用可以操作的执行系统，但 GPTs 没有。此外，钉钉有积累了 9 年的用户个性化数据，但 GPTs 在这方面做得还远远不够。

从企业内部来讲，这其实也正是 OpenAI 不得不从头开始做一个“GPT Store”的原因。OpenAI 最终的愿景也是做一个超级个人助理，但目前的 OpenAI 还缺乏足够多的场景和个性化的用户数据，而这会直接影响其 AI 系统对外部世界的感知能力和行动能力。

那么，目前全球类似的 AI Agent 创业公司有哪些？钉钉的 AI 助理又已经演化到了哪一步呢？

根据路透社的报道，截至 2023 年 9 月，全球已经至少有 100 个严肃项目正在致力于将自主 AI 助理商业化。而其中最主要的一家，就是比尔·盖茨参投的 Inflection AI。

目前，Inflection AI 已经发布了第一个产品——聊天机器人 Pi。但由于 Pi 作为一个新的独立产品明显缺乏用户的个性化数据，其目前还处于收集用户数据的阶段。

另一家创业公司则是 Adept AI，主要服务于知识工作者。

例如，一位知识工作者输入提示词后，Adept AI 会立即把该知识工作者所需要的 Salesforce 的客户关系数据库展示出来。这里的关键是：经由提示展示出软件。

换句话说，Adept AI 的野心是要通过构建一个通用系统，为每个知识工作者提供一个通用的 AI 协作器，以帮助他们更轻松地使用“建立在海量基础上的每一种软件工具”。

还有一家 AI Agent 公司，就是 2023 年 9 月获得了 B 轮 2 亿美元巨额融资的 Imbue。当时，Imbue 的估值已经冲到了 10 亿美元。投资方包括英伟达、生产力软件公司 Notion 的联合创始人西蒙 · 拉斯特、自动驾驶汽车 Cruise 的 CEO 凯尔 · 沃格特等等。

简单来讲，Imbue 是一家专门训练针对“推理”进行优化的基础模型的公司。该公司的使命也是让每一个人都能够构建定制化的个人 AI Agent。

需要注意的是，Imbue 的联合创始人邱侃君（Kanjun Qiu）曾经在接受美媒采访时指出：AI 的 2.0 时代马上就要到来，而从 1.0 到 2.0 飞跃的关键，就是推理能力。但是推理能力是目前大语言模型最大的缺失。

什么是推理能力？举一个例子来说明。假设某一家公司的某个团队安排了一场团建，AI Agent 选好了一个时间。有人说：“哦，我这个时间不行。”于是，AI Agent 换了一个时间，结果其他人又说：“哦，我这个时间不行。”这个时候，AI Agent 会指出：不能再改时间了，我们可以在人数上放宽限制，这个活动不一定所有人都要去。

这就是关键之处：什么时候大语言模型会反馈给我们，这不是一个正确的做法，应该考虑另外一种方案？

“推理能力涉及很多能力。”邱侃君指出。推理过程有点儿像人类的反思，需要回溯去仔细思考某个人说的话，进行大量的内部处理，才能产生新想法，然后，给出回复。但目前的大语言模型仅仅是预测下一个词，擅长的是对给定的数据建模，还没有进行内部的逻辑推导。

根据邱侃君的预测，全球市场上第一批能真正可靠地执行多步骤任务并具有推理能力和一定自主权的 AI 系统，将会在 2024 年 9 月之前面市，重点会落在关注编码以及营销任务等狭窄的领域。

钉钉的 CTO 程操红也指出：目前，钉钉与 AI 助理的感知能力、记忆能力以及行动能力都做了不错的结合，但是推理能力确实非常依赖于大模型的能力，钉钉暂时还无法完成复杂的流程和任务分解，目前钉钉也正在积极探索。

这个时候，钉钉的 AI 助理主要具备四种能力：感知能力、记忆能力、规划能力和行动能力。

钉钉的场景丰富，首先，它有非常好的输入系统（多模态输入），这也使钉钉在感知系统方面具备了很好的建设基础——可以让钉钉的 AI 感知到外界的客观数据，让 AI 的“幻觉”更大程度上被遏制，也就是说钉钉与外界的连接性会更好。而相比之下，OpenAI 的外部系统就相对比较弱，这其实也正是为什么 OpenAI 要发布 GPT Store 来解决创建外部连接的问题。

其次是行动系统。钉钉上有超级多的低代码应用、酷应用，这些应用将成为钉钉AI超级助理核心行动的“手”与“脚”，也是钉钉AI助理的核心行动系统。

再次则是思考系统。大模型其实具备典型的快思考能力，它一输入就会输出。微软的Copilot也如此，但由于钉钉的超级助理有感知系统、行动系统和人（指用户）的介入，可以对“快思考”进行拦截，所以钉钉AI助理兼具快思考与慢思考的能力。

实际上，钉钉AI助理的思考系统不仅支持短期记忆，也支持长期数据，支持互联网的公开数据，同时也具备了非常好的行动规划能力。

叶军认为：目前看来，生成式人工智能与大语言模型的技术发展已经经历了三波浪潮。

第一波浪潮是以GPT模型为代表的大模型涌现。这是生成式人工智能发展的基础。

第二波浪潮是应用层创新。实践已证明，生成式人工智能的最佳应用承载平台是有关生产力的场景。如微软公司的Copilot、钉钉的AI魔法棒等等。

第三波浪潮就是AI进一步深入到业务场景中，与业务数字化打通。正是在这一波浪潮中，钉钉推出了AI助理平台。因为根据叶军的观点，基于第三波浪潮，全新的SaaS将涌现。而这些新的SaaS将会呈现出三个主要特征。

第一个特征就是碎片化的形态。自2023年4月钉钉推出魔法棒“/”之后，实际上钉钉用户的所有需求都会在这个斜杠里。在此过程中，以往巨型的ERP会被打散成越来越丰富的小功能，并出现在距离用户最近的位置。

第二个特征是用户与SaaS的交互将变得非常简单。基于自然语言的交互界面将成为新SaaS的入口，这意味着钉钉上的用户将可以通过对话、语音、照片等LUI的交互方式，直接进行人机协同模式，这种LUI交互将取代过去人找功能菜单的方式。

第三个特征就是AI助理将成为主要的形态。叶军指出，未来，钉钉的模式会是这样的：基于钉钉将AI的能力开放给生态伙伴的AI PaaS，钉钉的App上将长出大量的用户型AI助理。钉钉用户将可以通过这些AI助理进行购物、订餐，批量完成业务流程，实现组织管理、知识库管理，或与外部系统进行自动化交互，等等。

钉钉筹备的AI助理市场也在2024年4月18日正式上线了。AI助理市场主要由三部分组成：钉钉官方的AI助理、由生态伙伴与开发者们构建的AI助理，以及个体用户创建的AI助理。该市场首批上线的超过200个AI助理覆盖企业服务、行业应用、效率工具、财税法务、教育学习、生活娱乐等方方面面。

根据钉钉的规划，就像OpenAI的GPT Store一样，钉钉在推出AI助理市场时，也将同时推出一个商业化机制，以让所有人都可以免费发布分享自己创建的AI助理或将其出售给其他人。用户在钉钉搜索“AI助理市场”，即可选择启用各AI助理。

此外，由于钉钉已经有个人版，未来钉钉的AI助理市场也可能会分为两部分。

第一部分就是围绕企业组织内部的 AI Agent。这部分 AI Agent 会更偏向于 B 端，它们更多是钉钉官方在企业协同、工作的场景下找到的一个个细致的场景，或是用户自己在企业组织内部找到的各种应用场景，用来建立各种利用 AI 提升效率或者直接完成工作的各种各样的 AI Agent。

第二部分则在钉钉的个人版里。钉钉希望一些非公司组织的用户，如家长、学生、老师，还有各种新职业形态下的个体，都可以在钉钉的个人版里去创建 AI Agent。甚至未来，钉钉个人版里的 AI Agent 不一定会叫 AI Agent，而可能会叫“智能体”，因为这样听上去会更偏向于 C 端。

而在 2024 年 4 月之前，钉钉的内部其实也早已经鼓励大家发挥想象力，并展开了 AI Agent 的大赛。大赛的结果之一是，钉钉官方 AI 助理早在发布会之前就已经推出了针对闲鱼、1688 的 AI 助理。这些 AI 助理，把很多用户在这些平台上的工作都批量化地做了。

有意思的是，由钉钉 AI 助理推荐的东西会与目前各大平台上的推荐有所不同，例如，钉钉 AI 助理帮你找到的东西很可能比淘宝推荐给你的更适合你。

为什么呢？因为平台推荐是基于用户在单一平台上的行为的推荐，而且还加入了平台规则的偏好。但 AI 助理是完全以个人为中心的，会根据用户个人的所有行为（包括用户在各大平台的习惯）给出建议。

举一个例子来说明：假设你从来不吃海鲜，你的朋友们可能知道，你的AI助理会知道，但淘宝不知道，因此淘宝还是有可能会向你推送各种各样的海鲜页面。再比如，有些钉钉用户在晚上9点之后不喜欢接电话和回复钉钉，他们的AI助理也会知道。

那么7.5版本之后的钉钉，既有B端又有C端，它有没有对标的竞品？对此，叶军的答案是：没有。事实上，钉钉也没有模仿任何人。

叶军指出，推出个人版的原因是，钉钉认为每一个人都应该有一个自己的第二大脑或者知识中心，这在AI的时代会特别重要。

而钉钉推出个人版的初心，其实涉及一个比较高的目标。时代在变，钉钉已经预判到，未来软件的产品形态将发生很大变化，整个软件工程都将被推翻。而作为一款产品，钉钉过去已经成功，那么在一个时代的变革之际，钉钉就需要自己能够进化，在原来的母体上长出符合新时代的产品。

因此，目前钉钉其实是在做一种探索。在这个过程中，钉钉决定从B端和C端两个方向去探索，让企业可以真正降本增效。无论在B端还是在C端，人工智能给钉钉带来的改变未必会像今天大家所看到的钉钉7.5产品。事实上，随着大模型能力的提升、社会上所有人对AI的接受程度越来越高，以及钉钉在AI方面改造B端软件和C端软件的探索前行，在不远的未来，大家会看到一个全新的钉钉。

这个全新的钉钉，代表的是AI时代的工作方式。它是7亿用户和千行百业的需求共同创造出来的。

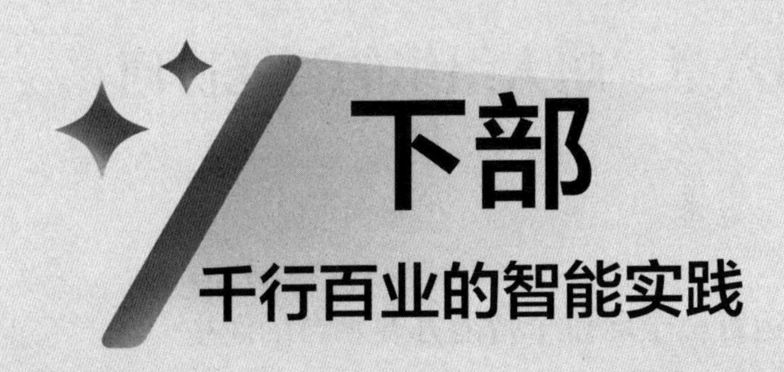

下部

千行百业的智能实践

第六章　超大组织的智能协同

亚运钉：全球首个智能办赛平台的诞生

赛会简介

2015年9月16日，在土库曼斯坦阿什哈巴德第34届亚洲奥林匹克理事会代表大会上，杭州作为唯一申办城市，获得2022年第19届亚洲运动会举办权。杭州也成为继北京、广州之后，第三个举办亚运会的中国城市。

杭州第19届亚运会组委会于2016年3月18日成立，亚组委成立后筹备工作提速。组委会内设的机构有：办公室（总体策划部、亚残运工作部）、杭外工作部、竞赛部、外联部、宣传部、财务部、组织和人力资源部、纪检监察和审计部、市场开发部、场馆建设部、法律事务部、广播电视和信息技术部、赛事器材部、大型活动部、安全保卫部、后勤保障部、医疗卫生部、反兴奋剂工作部、志愿者部、环境保障部。本届亚运会涵盖亚洲全部45个国家与地区奥委会，共设40个比赛大项，报名参赛运动员人数超1.2万，是历史上规模最大、项目最多、覆盖面最广的一届亚运会，筹备工作涉及多个部门，需要一个统一的沟通协同平台来推进各类事项。

2022年7月19日，亚奥理事会宣布杭州第19届亚运会于2023年9月23日至10月8日举行。同时，第4届亚残运会于2023年10月22日至10月28日举行。开赛之前，杭州亚组委根据部门职能划分了组织架构，并且把工作人员、志愿者、供应商等近10万办赛人员拉上亚运钉。

行业痛点

筹办一场覆盖整个大洲的大型会议，向来不是一件易事，对于一个历时一个多月的大型运动会（含亚运会和亚残运会）来说更是如此。在数字化时代，各类大型会议的主办方都希望能够有智能化的工具解决这个难题。

杭州第19届亚运会作为数字化时代的体育盛会，是史上首届提出智能办赛理念的亚运会。组委会部门庞杂、工作繁复，最终要实现超过10万人的工作协同，对外要横跨多种语言实现国际协同，对内要横跨杭州、宁波、温州、绍兴、金华、湖州6个办赛城市实现地域协同，最终实现跨地区、跨部门、跨层级的“组织在线、沟通在线、业务在线”大协同。

人难找、事难办、信息难同步、规则流程难统一、知识经验难沉淀，这些都是以往筹办大型赛事的痛点。钉钉协助杭州亚组委打造的亚运钉，解决了这些痛点，让“一部手机掌上办赛”成为现实，也成为亚运会历史上的首创。

钉钉作为企业级智能移动办公平台，客户遍及各行各业。但像杭州亚组委这样的特殊客户，钉钉也是第一次遇到。

杭州亚运会是首届提出智能办赛理念的亚运会，致力于将高新技术广泛应用于办赛、参赛、观赛各类场景，为工作人员、运动员、观众等八大客户群提供前所未有的智能便捷体验。

2019年起，杭州亚组委和钉钉团队以“智能”理念为共识，通力合作，开始打造全球首个大型体育赛事一体化智能办赛平台——亚运钉。

2023年10月8日，杭州第19届亚运会圆满闭幕，赢得国际赞誉。亚运钉作为杭州亚组委办赛的统一载体和入口，在开赛后扛住了消息峰值压力，9月消息量突破950万条，日消息峰值超过40万条，赛事期间在亚运钉上发起在线会议超过11万次。

从1个人到10万人

从“亚运钉”项目立项起，钉钉服务专家王露莹就被调入了项目组。亚运钉需要从零开始搭建，第一个组织架构就由她经手部署上线。

事实上，亚运会和亚残运会筹办工作涉及浙江省杭州、宁波、温州、绍兴、金华、湖州 6 个地市、56 个竞赛场馆、数十个省部属高校、数百家企业单位，全程有 10 多万工作人员及志愿者参与。

单靠王露莹一人，是不可能把这么多人导入亚运钉，或者手把手地教会他们如何使用的。所以在搭建好亚运钉的最初架构后，王露莹接下来的工作就是培训种子管理员。

“最早的时候，亚组委组织架构叫‘一办十九部’，就是 1 个办公室加 19 个部门，比如竞赛部、外联部、财务部等等。”王露莹说，要先把这个组织架构在钉钉内搭起来，就像盖房子先挖地基、搭好框架。

亚运钉整个组织架构最终要支持 10 万人协同，各个部门的功能逻辑不同，最终需要 600 多名管理员来协助管理。

“第一次培训时学员只有两名，都是亚组委的同事，他们和我一起搭建组织架构。”王露莹说，这两位同事作为种子管理员，又一步步教会了更多管理员。

后来接受培训的逐渐扩展到几十人，到几百人时，已不再采用线下模式，改为钉钉内的线上培训。

在接下来的三年时间里，虽然部分管理员工作有变动，但亚运钉系统内始终保持着 600 多名管理员的规模，他们各司其职，成为组织内 10 万人沟通协同的重要枢纽。

随着钉钉的版本进化，亚运钉也在不停地进化。专属钉钉出现后，亚运钉也变身为一个专属 App。钉钉也把亚运钉作为一个专属钉钉的典型项目进行维护支持。

把 10 万人导入亚运钉组织架构，是一个浩大的工程。给到王露莹的第一个名单上有近 27000 人。

“我都是晚上做导入，因为白天很忙，要接工单，要尽快解决报上来的各种问题，晚上做导入可以静下心来，不容易错，一般都是晚上 11 点多开始。”她说，这个工作花了 5 天时间，几乎天天干到凌晨，最终把这 27000 人导进去了。

“快累趴下了。”不过看到新导入系统的志愿者充满青春活力，王露莹顿时觉得辛苦付出很有价值。

“志愿者们加入亚运钉系统，感觉像进入了一个大家庭，他们会在网上晒，很兴奋、很自豪。”王露莹说。

志愿者加入亚运钉后，不但组织管理更方便，还可以更方便地进行统一培训。通过亚运钉，志愿者团队举行了上百场培训，涉及通识、场馆、岗位、岗前强化等多类，其中许多课程都是线上线下同步开展，借助亚运钉的直播功能突破了培训场地和培训时间的限制。

每次培训完毕，视频都会留存，支持后续的志愿者学习和复习。

亚运村内有 1300 多名工作人员，哪怕是同一个中心也会涉及五六种排班方式。在亚运钉上可使用智能排班系统，为每个人制定个性化班次日程，也可以确保每个人了解自己的上班班次，保障了整个亚运村的有序运转。

亚运会赶上 AI 大爆发

钉钉副总裁李智勇是王露莹的上司，也是亚运钉项目负责人。

李智勇记得，钉钉对亚运钉异常重视，立项的时候就安排了几十人的技术团队。此后的日子里，一直有专门的团队在为亚运钉提供保障。

亚运钉最终采用了针对大中型企业客户的专属钉架构，做成了一个独立的 App。

“刚上线时并非一帆风顺，有非常多的问题，包括一些客户的新需求，还有一些漏洞。”李智勇说，要解决这些问题，必须优化升级对应的架构和方案。对于采用新的架构，相关工作人员向亚组委领导和杭州市领导汇报了多次才敲定。

“在亚运会举办时间还待定时，我们做了很多预案，专门研究了东京奥运会和北京冬奥会面临的技术挑战。”李智勇说。

在一年时间里，技术也在飞速进步。“2023 年火起来的是人工智能，这种新技术的融入必须为亚运钉带来更好的体验。”李智勇说。

亚运钉为此全方位接入阿里 AI 能力，办赛人员可以使用钉钉魔法棒、问答机器人调用 AI 能力，大大提高了信息获取的效率，节约了工作时间。

李智勇认为，尤其是智能化能力上线，给用户带来了更好的体验，这是额外收获。

另一方面，钉钉的国际化团队也在亚运钉平台上充分发挥了专长，亚运钉可支持 14 种语言的实时线上翻译，跨国跨语种聊天不再有障碍。

2023 年 6 月，亚运会开幕日临近，钉钉专门成立了“亚运钉核心运营小组”和“安全重保小组”，形成固定的工作机制保证亚运钉的稳定运行。这部分钉钉工作人员需要专人驻场、建立专项服务群、提供专属热线服务。

在杭州亚运指挥部指挥中心，有一块巨大的屏幕，随时显示系统的运营情况。几十位值班人员值守在大屏幕前，随时做出响应。

其中有一个“亚运钉值班主管”的工位，专属于王露莹和她的钉钉同事。“我常坐在这里上班，远远超过在钉钉公司的时间。”她说。

“一部手机掌上办赛”

亚运钉作为一个容纳十余万人的会议协作平台，其使用者与普通的企业客户有很大的不同。“根据人员的职能，亚运钉会把他们分为 5 类。”李智勇说。

第一类是 G 类，是政府工作人员；第二类是 P 类，是组委会工作人员，就是办赛人员；第三类是 C 类，是赞助厂商；第四类是 V 类，是志愿者；还有一类是 S 类，是安保人员。合计下来，规模超过 10 万人。

绍兴人何世伟也是亚运钉中的一员，他的公司浙江锐智信息技术有限公司（简称“锐智”）是钉钉官方授权的星级服务商。

锐智利用钉钉低代码开发平台宜搭参与进来，为亚运钉开发出多项简洁易用的功能模块。

比如训练场馆预订功能。“参会的运动员要保持状态就要训练，需要训练场馆。”何世伟说，“场馆是否被别人占用？什么时间空闲？打开亚运钉，场馆情况在该功能模块中一目了然。”

对于场馆空闲的时间段，可以直接点击预订。“从测试阶段开始，这个功能就很受欢迎。”他说，因为亚运会场馆分布在6个城市的不同区域，各种场馆类目繁多，打开亚运钉，这些都很清晰，可以满足运动员和教练员的刚需。

这个功能在亚运会期间专供运动员和教练员使用，只在他们手机中的亚运钉 App 里可见。

“这个功能模块不是一次性的，亚运会闭幕后，它会开放给大众，体育爱好者都可以通过手机预订这些场馆，进行训练和比赛。”何世伟说。

李智勇认为，亚运钉是历史上首次将大型赛事中如此多的角色集合到一起的平台，具有赛事领域的标杆意义。未来更多大型赛事的筹办需要这样智能化的协同平台，提升超大组织的沟通管理运行效率，实现提质降本增效，这是一个必然趋势。

亚运钉作为一体化智能办赛平台，集成了近300款数字化应用、沉淀了近万份数字资产文件。

由于多年从事海外领域工作，李智勇游历过100多个国家和地区。他觉得作为这次跨国盛会的智能办赛平台，亚运钉放在国际视野中也是一次重大突破。

“全球范围内，此前没有亚运钉这样的产品，我们无疑开创了先河。”他说。

钉钉总裁叶军评价，亚运钉作为杭州亚运办赛统一的工作入口，协助亚组委解决了跨地区、跨部门、跨层级大协同工作中人难找、事难办、信息难同步、规则流程难统一、知识经验难沉淀的传统痛点。做好这些，是钉钉的职责。

杭州亚运会信息技术指挥中心执行指挥长张鸽认为，杭州亚运会是史上首届提出智能办赛理念的亚运会，借助亚运钉，“一部手机掌上办赛”成为现实，这也是亚运会历史上的首创。在亚组委与钉钉公司的通力合作下，亚运钉实现了 10 万办赛人员跨地区、跨部门、跨层级的“组织在线、沟通在线、业务在线”大协同。可以说，亚运钉不仅是杭州数字经济的结晶，也是杭州送给国际大型综合性体育赛事的一笔财富。

西部机场集团：20 多个机场如何在全景式数字平台“起飞”？

企业简介

西部机场集团，是中国第二大跨省区运营的大型机场管理集团。集团成立于 2003 年，前身为西安咸阳国际机场。截至 2024 年 3 月，集团共管辖陕、宁、青三省（区）18 个机场，形成以西安机场为核心，银川、西宁机场为两翼，12个支线和3个通用机场为支撑的机场集群。

作为一个成员单位多、行业特殊、业务条线复杂且业务分布范围广的大型企业集团，西部机场集团以数字化升级为业务和管理提效。集团与钉钉合作，打造了一个全链路、全景式数字平台，实现全部业务、全部员工在同一平台的协作与创新。

行业痛点

中国民航业在过去20年快速发展，航班数量、运力猛增，整个行业的运营、管理都需要相应改变。另外，近些年高铁的发展、经济形势的变化，给民航业带来新的经营挑战，需要以技术手段降本提效。

一个大型机场管理集团旗下机场数量多、层次等级不一，对运营管理的要求很高。而除机场运营外，还需衔接安保、入驻商户等不同业务领域，更涉及航空、物流、道路运输等多个行业，协同运营的难度大、复杂程度高。

在以前的数字化发展中，西部机场集团建设了很多系统，但信息不互通，形成了数据孤岛。2021年起，西部机场集团以钉钉为底座打造统一的移动工作平台，最终实现组织和业务的数字化，真正为运营提效。

2023年11月23日，陕西西安，钉钉C10圆桌派“数智民航”论坛上，西部机场集团发布了AI大模型助手“小西”。

未来，小西将在机场航班保障、企业知识库、智慧决策等方面发挥作用。小西会服务于西部机场集团员工的日常，在工作细节上提供帮助。

例如，员工上班前，小西会根据其岗位职责、当天航班量、天气情况等，自动发出相关提醒。员工如果在工作中遇到问题，可以随时向小西提问，而工作结束后，小西会帮助生成工作日志等记录。

小西是西部机场集团与钉钉合作打造的最新智能产品，也是集团数字化升级的符号之一。而就在小西发布的三四年前，西部机场集团的员工们还在手动填写数据报表、以对讲机沟通协调工作。

“钉钉上线之后，经过这两年的运行，西部机场集团已经初步实现了组织上线、管理上线、创新上线和研发上线。”西部机场集团信息管理部总经理王奇煜在论坛的发言中介绍。

“系统越建越多，问题也越来越多”

民航数字化不是一个新概念。随着行业发展，机场、航司等领域民航企业很早就踏上了数字化转型的道路。

过去 20 年中，随着中国经济高速增长，民航业也蓬勃发展。国内国际航线、旅客运输量都呈现爆发式增长。与之相应的是机场更大的吞吐量、更高的服务频次，各服务环节间更复杂的衔接、匹配需求，另外还涉及航空安全、乘客数据安全等多个领域。

也就是说，行业快速发展，运营和管理的难度也随之快速增加。利用前沿科技降本提效是企业发展的必然需求。此外，相关管理部门对民航企业数字化建设也有相应要求，要打造智慧民航、智慧机场，以推动行业的整体发展。

民航业的业务场景特殊。过去，业务软件都是定制化采购。这些定制开发软件的问题是，不能随着企业业务的变化而调整，往往需要再次开发。

此外，不同的软件使用不同的开发语言和接口，很难实现底层打通，使得不同业务体系最终各自形成数据孤岛。

西部机场集团在数字化建设的道路上曾经历这样的定制开发时期。“在这个过程中，（我们）有一个明显的感受，就是系统越建越多，问题也越来越多。”王奇煜说。

过去，工作范围广、对应的业务软件多，工作人员需要“携带”多个终端。例如，一个地勤人员需要五六个终端和应用，以对应行李管理、塔台通信等工作。根据工作内容，他们需要在不同的终端间来回切换。

大家的感觉是，这些应用很拖沓、烦琐，不好用，而且效率低，体会不到数字化的便利。“过去在工作中都是人找系统而不是系统找人。”王奇煜总结说。

改变，需要契机。近些年，西部机场集团旗下的成员机场面临新建、改扩建等任务，人员快速增加、运行难度加大、资源保障需求增多。单靠增加基础设施，已很难满足效率需求。而这，正是变化的契机。

2021 年，西部机场集团决定建立统一的移动信息化平台，希望完成“组织协同、应用互联、业务创新”的使命。他们在市场上寻找这样的产品与合作伙伴。

“这个产品，还要能够满足信息安全、自主可控的要求和大型企业复杂的条件和需求。”王奇煜说。

经过产品比对筛选，西部机场集团最终选择了与钉钉合作。

据钉钉商业总裁杨猛介绍，截至 2023 年底，钉钉服务于 2300 万家企业组织，70% 以上的国内民航公司使用钉钉。这背后，是钉钉开放的底座能力。“大企业可以在钉钉的数字化底座上搭建各式应用，真正以技术为业务赋能。”

以钉钉为底座，以整合贯通生产运行和行政办公两大类业务场景为需求，王奇煜他们首先绘制出整个项目的蓝图。

框架搭起，智能升级开始了。

“从人找系统，到系统找人”

经过半年的开发，到 2021 年底，西部机场集团分布在陕、宁、青三省（区）的近 20 个机场、2 万多名内外部员工，全部完成“上钉”。

王奇煜介绍，以集团专属钉钉为统一平台，他们整合发布了业务应用 350 余个，“实现了集团新闻、重要消息、通知公告等移动端统一发布”。

按照统一入口、统一接入标准，西部机场集团将管理和生产领域的 100 多个应用、200 多个低代码应用、10 余个钉钉第三方应用，全部完成整合，“形成了西部机场集团丰富的移动应用生态圈”。

目前，西安咸阳国际机场的三期扩建工程正在进行中，对应的60多个业务应用，预计到2024年底也会全部完成整合。

智能升级之后，西部机场集团实现了组织的数字化。集团旗下的约20个单位、1600个组织、2万多名内外部员工的人力信息全部实现统一平台管理。

借助钉钉的开放能力，西部机场集团将OA、财务、法务、计划管理、值班管理等高频业务场景与钉钉场景群、酷应用、工作台插件等全部打通。

人员安排、信息上报、活动组织、事项督办等所有工作，都在钉钉部门群内完成，"紧急的事情钉一下，信息触达一目了然"。

对比从前，王奇煜认为，这实现了从人找系统到系统找人的转变。

数字化升级受到集团员工的欢迎。在西部机场集团的专属钉钉上，全员日均活跃度在90%以上，日均消息数量有14万条。西部机场集团成为钉钉上活跃等级最高的用户之一。

"让执行者心中有数，让管理者掌握进度，让领导者一览全局"

数字化升级、业务应用的研发让沟通、协调更便利，最终目标是实现工作效率的提高。

其中，一个突出的案例是银川机场研发的"指尖运行"系统。这个系统将原来分布在不同业务系统的航班动态、航班保障流程节点图、运行态势分析报表、航班计算起飞时间等数据汇集打通，并开发了自动预警模块。

“指尖运行”系统上线后，各岗位调度席间数据问询类电话的数量平均减少了 80%，让一线岗位人员每人每天平均能节约时间 30 分钟以上。而且，受限航班保障及时率和正点率显著提升，不利条件下航班放行正常率和靠桥率等指标提升了 30% 以上。

对于大型企业集团来说，提高工作效率、内部高效协同是必须的。对应这项需求，西部机场集团深度使用了钉钉项目管理工具 TB（Teambition）。

过去，西部机场集团每年要组织基本工作计划的编制。旗下的各个成员单位根据对应的职责、制度要求，对年度的基础性、程序性、周期性的工作进行梳理，然后编制年度基本工作计划，并按计划推进实施。

这样的工作计划编制、执行和对应的督办检查，过去需要占用大量的时间和精力。而且，王奇煜说，这个过程中有几个非常重要的问题，比如怎么实现计划执行过程的动态管理，如何做好每年 21000 余条工作任务，以及如何实现与各层级 1700 多名管理人员、执行人员和填报人员的有效匹配。

TB 为西部机场集团提供了答案。依赖 TB，集团搭建起了计划管理系统。从工作计划的编制、分派、执行，到后面的反馈、总结，全部在线上通过对应模板完成。

TB 计划管理系统覆盖了西部机场集团的十万余条工作任务，涉及人、财、物、战略安全、生产运行等十余个业务主题。每项任务，从执行人到督察人、管理者，都在线一一匹配。而且，不同岗位、角色还对应有系统提醒、工作报表等工具性服务。

此外，这个计划管理系统与钉钉的聊天、网盘、日程等功能深度打通，让每一项任务在执行过程中，都能随时快速找到对应人员。而且，这些任务从计划、执行，到结果，最后还能形成业务知识的数据沉淀。

也就是说，TB 系统使工作计划的执行实现过程清晰可视，能够“让执行者心中有数，让管理者掌控进度，让领导者一览全局”。

“投入并不是很多，带来的惊喜却非常多”

在西部机场集团全面数字化升级的进程中，钉钉低代码的“特效”被一线工作人员发现，由此掀起了全员创新的热潮，成为新的生产驱动力。

低代码可以以拖拉拽的方式去搭建应用。如此，没有技术基础的业务人员也能根据需要快速开发应用，为业务提效。

在西部机场集团，各个岗位的工作人员，例如机场安检员、机务维修员、行李搬运工、水电工等，都参与到了低代码的开发中。

到 2023 年 11 月，一线业务人员参与开发的各类低代码应用达到 480 余个，几乎覆盖集团生产、运行的全部领域，对很多工作场景的提效发挥着很大作用。

其中，宁夏中卫机场的场道巡场员开发的“云上鸟防数据分析平台”格外引人注目。这个应用首先将机场的驱鸟场景划分为穿场区和留住区，然后区分鸟种、数量、类别和区域，分析不同措施在驱鸟成功率方面的数据。如此，将草、虫、鸟之间的数据紧密关联起来进行分析，为打药、调整鸟网等行为提供科学依据。

这个应用上线之后，“科学防鸟”的效果显著，中卫机场高危鸟种的出现率降低了43%，移动鸟网捕获率提升了70%。

“低代码给了大家数字化落地的全新路径。它唤起了业务人员的积极性和自驱力，把自己最熟悉的场景在线化。”钉钉CTO程操红分析说。

对应这样的创新热潮，西部机场集团还成立了“开发者联盟”，以产品经理培训、应用分享沙龙、线上课程直播、内部竞赛等方式，提高一线工作人员的数字能力，激发他们的创意和创造热情。

“与传统的采购和研发相比，我们本次推广低代码的投入并不是很多，但是带来的惊喜却非常多。”王奇煜表示。

在西部机场集团的数字化升级中，除了这样的惊喜，更有每天的进步。“应该说，每一天都有进步发生。”王奇煜在“数智民航”论坛上说。

申通快递：全年100多亿件包裹如何用数字化管理？

企业简介

诞生于1993年的申通，是国内最早成立的民营快递企业之一，也是国家5A级物流企业，上榜《财富》中国上市公司500强。申通以“打造中国体验领先的经济型快递”为目标，截至

2023年底，拥有120座物流枢纽、5000辆自有大运力干线运输车辆、超4900家独立网点及分公司、数万个服务网点，有超过30万申通人为广大商家和消费者日均送达6000多万件包裹。

不断扩大的业务规模和精细化管理的需求，让拥抱数字化成为快递行业的大趋势。2015年前后，申通开启了公司的数字化转型。2020年，公司在快递行业率先实现全站业务上云，迈入数字化2.0阶段。2023年9月1日，申通快递和钉钉签署战略合作协议，将基于钉钉数字化底座，加速推进全集团组织与业务的数字化转型升级。

行业痛点

物流行业与电商结合紧密，对效率要求极高。物流公司一般都会自己开发大量软件系统与应用，以支持物流高速运转。但在现实中，很多物流公司的转运环节需要操作多个系统，各系统数据独立分散，对跨系统的数据统计造成困难。

此外，破损包裹等问题件处理也是物流企业面临的业务难题。而在客服环节，传统的客服往往通过电话或在线聊天的方式了解客户的诉求，很难保证处理时效性。

申通基于专属钉钉打造出统一安全的办公门户“掌上申通”，通过集成公司原有的上百个核心应用和数十个信息化系统，打通业务流程与数据，解决了跨系统的数据统计问题。

对于包裹破损问题，一线人员通过钉钉扫码即可实时处理。基于钉钉客联能力，申通自主研发出智能客服系统，网点客服的服务效率提升超 50%。

网购的包裹如何到达消费者手中？运输路径通常是这样的：商家发货，前端网点揽收，揽收之后将货物运输到首站的转运中心；首站的转运中心做出港操作，由首站转运中心将货物运输到末端转运中心；货物到达末端转运中心之后，转运中心要完成细化分拣，再运输到相应的网点去；最后由末端网点安排派件，送达消费者。

整个过程涉及网点、转运中心和总部等多个环节，消费者、商家、快递配送员、分拣员、装卸工、货车司机等均参与其中。

其中涉及的环节之复杂、数据之多、人员管理之复杂，远超想象。据统计，申通每天的约 6000 万单包裹在流程中会产生百亿级的数据。为了及时准确地处理这些庞杂的数据，申通开发出匹配不同场景的信息化系统及应用，将之前只能线下人工操作的工作转移到线上。

但这只实现了数字化的第一步，各个业务系统之前开发搭建时相对独立，网点有网点的操作系统，快递员有快递员的操作系统，货车司机有货车司机的操作系统……

这种独立，在实际工作中给相关人员带来一定的不便。以转运中心的操作主管为例，每天只是查看进出港车辆情况和包裹数据，就需要切换 3~5 个不同系统，数据统计效率也受到影响。

于是，申通又往前走了一步：将这些业务系统搬上阿里云并引入钉钉，全面打通了整个业务流程和数据。

申通 CTO 赵柏敏表示："我们现在把企业管理应用都集成在钉钉里面，大家除了把钉钉作为聊天工具，还将其作为企业的 App 使用，已经形成了习惯，也不需要装其他 App。"

钉钉助力从容应对"双 11"

每年的"双 11"对于各家快递企业都是大考，申通一线的员工对此有着切身感受。自从公司的业务搬上钉钉，他们明显感受到了与以往的不同。

"以前一天处理 100 多万件包裹，要跑 3 万多步；现在'双 11'期间每天处理 300 多万件，就走 1 万步。"从事快递行业 8 年的胡日财，是申通杭州转运中心的主管。该中心是申通在浙江最大的中转枢纽，平均每天有超 200 万件包裹在这里流转，连接全国各地。"双 11"期间，这里每日包裹量超过 350 万件。

从 2022 年申通启用钉钉起，胡日财面对"双 11"从容了许多。为了保障现场环节的高效协同，他每天上班的第一件事就是打开钉钉，查看进出港发车情况、车辆在途预测、分拣线运转等数据，安排上千台车辆调度、千余名员工排班，在钉钉上一键上报临时车辆和用工计划。

"过去我们主要靠经验招人、调车，宁愿多也不敢少，怕爆仓。数据分散在多个系统里，要么查不到，要么得人工统计。现在我们打开钉钉，就能随时随地看到实时数据，可以优化资源统筹管理，车辆拥堵和插队现象少了，每个月可以省下 100 万元的成本。"胡日财表示。

不仅如此，该中心将所有分拣机、交叉带等设备连接上“钉”。通过钉钉机器人实现设备和包裹的实时异常预警，并自动分配任务到对应负责人，问题处理时效提升了两倍以上。

这一切，来自申通对数字基础设施的持续投入。作为国内最早成立的民营快递公司之一，申通 2020 年“双 11”前宣布全站迁移至阿里云，成为快递行业首个全站业务上云的企业；2022 年 6 月，申通更将组织和业务“搬”上专属钉钉，集成超百个核心应用，服务近 5000 家独立网点及分公司、数万家服务网点及门店，以及 30 多万物流从业人员，用数字化工具保障组织内外的高效协同；2023 年 9 月 1 日，申通和钉钉签署战略合作协议，申通将基于钉钉数字化底座，加速推进全集团组织与业务的数字化转型升级。

在赵柏敏眼中，“双 11”既是全民消费狂欢节，也是产业链上下游的物流协同大考。“我们以专属钉钉为底座，建设应用开发和办公协同平台，打通服务网点、转运中心、省区、总部等环节核心流程和数据，有效降低了物流成本，提升了全流程协作效率。以‘预售极速达’为例，‘双 11’期间，其在规模继续提升的基础上保持了 95% 以上的当次日达率。”他说。

加强申通信息安全保障

对于快递公司来讲，通常 11 月 11 日是订单高峰，12 日是揽收高峰，13 日是派送高峰。

据赵柏敏介绍，在转运中心，申通通过分拣设备实现了包裹的自动化分拣，这已经极大地提升了工作效率。

申通搬上钉钉后，又将包裹分拣机、交叉带等设备与钉钉连接，借助钉钉上申通自研的业务系统，不仅能够实时调取包裹信息，还实现了分拣操作系统的实时在线可控。钉钉机器人可推送设备异常、包裹异常的实时消息预警，并将任务分配到对应责任人，使问题处理时效提升了两倍以上。

这是申通以钉钉为 PaaS 化底座开发应用的重要尝试。事实上，申通与钉钉结缘于 2019 年。韩冲是申通信息安全高级工程师，他记得公司从 2019 年开始试用免费版的钉钉。

2020 年初，新冠疫情暴发，因为远程协同的需求，申通开始在内部大范围推广钉钉。“我们要求基础末端网点全部使用钉钉。”韩冲说，“钉钉视频会议很方便，可以随时随地发起，在疫情期间极大地方便了大家的沟通。”

2022 年，申通对钉钉的使用情况做了全面评估，决定启用收费版的专属钉钉。“申通体量这么大，人员这么多，从安全层面来讲，一旦出现信息泄露事件，损失会更严重。另一方面，我们想和钉钉进行全面的智能化合作，就是以钉钉为底座打造数字化体系，所以最终选择了专属钉钉。”韩冲说。

作为信息安全工程师，韩冲更关注专属钉钉里面的安全模块。“在钉钉内，如果出现信息泄露或者机密材料外泄的情况，我们可以有效地进行溯源。”他说。

在沟通层面，钉钉也提供了极大便利。申通全国近 5000 个网点的负责人，都被集中于一个钉钉大群。“在这个大群里，相关人员针对各个网点反馈过来的问题，进行统一回复，或者将其作为一个专项去处置。从使用的角度来讲，它极大地减少了沟通成本，也拉近了总部和一线的距离，能够做到有问题及时反馈，有人去协助解决。”韩冲说。

破损包裹处理效率翻番

快递行业的人员都知道，包裹寄送过程中，消费者最担心的问题是破损。这个问题同样是申通想要重点解决的。

包裹运输要经过多个环节，破损发生在哪个环节其实很难判断。为此，申通建立了包裹因子特征库，这个特征库包含包裹的包装、大小、重量，由哪个商家发货，始发地是哪里，经过了哪辆车、哪个中心，是哪个业务员扫描的等等与包裹有关的所有信息，以及在运输全链路中产生的操作。

接下来通过算法引擎做归因分析，确定这个网点的包裹破损发生在哪些环节，基于重要性对具体原因进行排序，再给到网点具体可执行的改善动作，通过钉钉下发到片区和网点管家。

比如某个网点最主要的客户是做酒业的，数据分析完之后发现破损率最高的是单件发货没有做集包的包裹。这时就可以给到网点一个具体的改善措施：针对特定品类，需要做具体的集包方案规范。比如：针对酒这个品类，哪个重量段需要自己做集包，什么样的货型结构可以不自己做集包，让中心做集包。

通过钉钉，可将这些信息直接透传给一线业务人员，快速优化流程。

虽然破损率可以控制，但包裹破损的情况无法杜绝。在没有普及数智化手持终端应用的情况下，针对破损件、错单、违禁品等问题包裹，一线操作员无法现场直接处理，需要现场登记再到PC 端集中处理，每小时最多处理 50 件。

如今，申通一线人员在钉钉端扫描即可实时处理，每小时可以处理上百件，处理效率翻了一番。

针对拦截件、疫情退件、面单地址不详的包裹等需要退回的问题件，操作工通过钉钉扫描，录入报备，并直接连接到打印机打印退货面单，日常一天可处理 2000 多个问题件。

如果需要查找丢失件，也可以直接在钉钉输入单号，查看物流轨迹，判断问题环节。

资源配置实现降本增效

对于快递行业来说，把独立分散的包裹数字化，让包裹的运输变得可视化透明化，实现全链路追踪管理是一项重要工作。除了数字化管理包裹，合理安排人力和车辆、做好配送工作同样重要。

对于网点来说，每日到件量、及时送达率是它们最关注的核心指标。

在传统的快递操作模式下，网点无法直观地看到当天的工作量，无法有效安排人员和车辆，只能凭借经验，对于包裹派送签收的进展也无法监控，更无法对派件员给出合适的指导和帮助。

倘若只是平时，凭借经验还能应付，但是遇到重大促销节点，尤其是像“双 11”这样的大促，靠经验根本无法应对。

所以，以前每年“双 11”申通的转运中心和网点，都需要提前一个月调度人力和车辆。甚至还需要提前租备用场地，以备不时之需。网点还要根据入仓时间把货物区分开，前一天没有送出去的快递都要优先清理完。其中任何一个环节都不能出错，否则就会影响揽派效率。

即便如此，“双 11”来临时，一线业务员还是非常辛苦，转运中心更是要 24 小时不间断操作。

如果能让业务员提前知道有多少包裹正在和即将运输过来，就可以合理安排人力和车辆，减少不确定性带来的风险和成本。

为此，申通将转运中心和网点关心的数据统一集成在钉钉端的数据看板上，实时更新。只要打开钉钉，员工就可以看到出港发车情况、进港卸车情况、车辆在途预测和现场情况等等，既能查看当日到件量以及各个节点的操作情况，还能预估第二天到件量。即便是“双 11”，也能准确预测数据。

各环节负责人可以依据这些数据，在钉钉中进行每日临时车辆的任务上报，灵活设置车辆类型、到场时间、发车时间等。

劳务用工方面的工作也可以在钉钉完成，通过钉钉进行每日临时劳务用工的人数上报，设置班次、用工时长、用工类型等。

这极大地提升了大促期间人力储备和车辆资源的配置效率。据初步估算，以申通杭州转运中心为例，大促期间中心每月可节省近百万元费用，极大地降低了转运中心和网点的运营成本。

智能机器人助力客服

客服也是物流行业产业链的重要一环，申通与客户之间有大量客服对接需求。

在传统的沟通方式下，客服往往通过电话或聊天的方式了解客户的诉求，处理时效很难保证。比如商家要求改地址，申通网点客服首先要在IM里确认，然后在系统里查询物流包裹轨迹，看当前在哪个环节，如果是在中心或者网点，那就直接发起拦截。如果已经开始派单或已签收，就不能做拦截，最后再通过IM反馈此次改地址的结果。

在这个过程中，网点业务员要进行两次IM会话、多个步骤的操作，使用4个系统，要花费5~8分钟，整个流程比较复杂。

申通CTO赵柏敏介绍，如今，申通通过钉钉客联功能，实现了智能机器人自动推送。当客户提出了退单或拦截诉求，钉钉机器人可以在第一时间自动推送任务，精准拦截包裹。它的作用不只是高效拦截包裹、推送异常消息，在此前的疫情防控期间，通过Ding通知和钉钉机器人，业务员还可以很快知道哪些区域不能发货、哪些区域恢复配送。那些异常包裹的信息也会第一时间通过钉钉机器人推送给主管，将处理任务同步对应到负责人。

赵柏敏认为："成本、时效、质量，这是整个经济型快递网络的基础底盘。"申通借助钉钉和它的PaaS化底座能力，实现了对人、货、场的精细化管理。

在 2023 年 9 月 1 日的申通和钉钉战略合作签约仪式上，申通总裁王文彬表示："申通近年来对数字基础设施一直在持续投入。钉钉真正做到了技术普惠与生态开放，这是双方合作的重要基础。通过钉钉开放强大的数字化底座，申通在数字化转型的道路上将会大大向前迈进一步！"

第七章　高端制造的智能密码

东方希望集团：超级工厂的全面数字化之旅

企业简介

东方希望集团成立于1982年，是中国改革开放后建立的第一批民营企业之一，曾多次入选“中国民营企业500强”。东方希望集团聚焦基础原材料制造等实体经济领域，经过40余年的积累，已成为集重化工业（矿山、发电、铝业、硅业、水泥、化工等10多个行业）、农业（饲料、养殖等）为一体的特大型跨国民营企业集团。

东方希望集团总部位于上海浦东，现有员工超3万人，在国内外拥有子公司300余家，是世界十大电解铝及氧化铝生产商之一，也是行业规模领先、技术领先的光伏生产企业之一。

2016年前后，在移动互联网浪潮下，基于降本增效、提高竞争力的需求，东方希望集团与钉钉合作，开始全面数字化。到2024年初，以钉钉为超级入口，东方希望集团已搭建起自己的统一业务管理平台，以数字化、智能化助力核心生产。

行业痛点

重化工企业集团跨行业多、拥有不同的产品生产流水线、涉及诸多上下游企业，它的全面数字化是极为复杂的。

过去，东方希望集团内部不同工厂间信息不互通，同一厂区不同业务间也是独立操作。例如物料、物流、仓储、安全管理、财务等各个环节，都有自己独立的业务体系，最后各自成为信息孤岛，形成极大的内耗。

东方希望集团与钉钉从2016年前后开始合作，研发智能操作系统，逐一攻克这些业务痛点，并最终搭起一个互联互通、高效协同的统一数字化平台。目前，东方希望集团的不同业务都已“上钉”，从采购到物流、生产、销售，再到人事、财务，已经实现全平台打通。这样的升级对于企业发展的价值，已不是数字成本可以衡量的。

新疆昌吉五彩湾，东方希望准东园区，每天都会有一辆辆重型卡车进出大门。

在卡车进入入口前，摄像头会自动对司机进行人脸识别，对车牌进行拍照上传，将人、车、货与系统内数据比对。卡车进入园区后，系统会指引货车自动排队，然后自动过磅。如果排队车辆较多，司机可以根据系统提示先去吃饭或休息，然后根据提示在相应时间返回，过磅后再自动卸货。

这个现代化智能工厂的场景，背后正是东方希望集团与钉钉合作开发的智能物料系统。它带来的成效，最直接的体现是节约人力成本：以前，一个大门口需要几十个人值守，现在在智能系统操作下只需要几个人。

而智能物料系统，只是东方希望集团与钉钉合作全面数字化的一个微小缩影。

打破信息孤岛，超级工厂不再“各自为政”

东方希望准东园区是个新兴工业园。它从2010年开始选址建设，目前已成为一个“超级工厂”，有上万名员工，年产值数百亿元。

占地20平方公里的准东园区，是东方希望集团投资打造的一个巨型重化工循环经济产业集群基地。园区内规划建设“煤谷、硅谷、电谷、铝谷、化工谷和生物谷”，东方希望集团内部称之为“六谷丰登”。

这是一个循环经济产业园。从煤矿里挖起的煤炭，通过30余公里的自动传送带送到火电厂。电厂发电，经过内部电网，输送给电解铝厂、工业硅厂、多晶硅厂等车间系统进行生产。生产出的产品经过加工，再通过物流系统去运输销售。

这些属于不同行业的生产工厂，其实密切相关，牵一发而动全身，每一个环节出问题（例如信息沟通出问题、发生安全事故等），都有可能造成巨大损失。

以电厂为例，它是一切工艺流程的起点，每一个环节都需要确保无差错。电厂有专业的控制系统 DCS（分散控制系统）进行数据监控。但在过去，数据只能在中控室由特定人员在特定电脑上查看。如果数据出现异常，且相关人员正好不在现场，就可能造成事故。而受影响的业务板块很可能完全不清楚出了什么状况。

传统运作模式下，各厂之间、不同业务之间信息不互通，沟通协作成本很高且效率低。

2016 年前后，东方希望集团内部形成共识，必须推进数字化转型、降本增效。东方希望集团时任 CIO 黄兴胜回忆，那时候集团大会小会都开始提数字化，对数字化格外重视。“企业做了数字化，最后不一定成为最优秀的；但不做数字化，肯定没有竞争力，一定会被淘汰。”

在这之前，东方希望集团已在移动化办公的道路上做了尝试。集团曾采购和开发过很多不同业务系统的软件，例如考勤系统、大宗物料、矿山管理、抄表系统、近红外检测系统等。

那个时期，每个业务软件都是孤立存在的。就生产管理来讲，设备管理是一套体系，安全管理可能是另一套体系，而质量管理、化验管理也都各有一套系统。如此，形成了一个一个的信息孤岛。而且不同业务部门会重复建设，耗费大且效果不理想。

东方希望集团曾采购过一套物料系统，它提供物料的自动过磅、自动采样和制样管理。这套软件需要先付基础费用，然后每一次优化都要单独付费，并且每新投产一个工厂都需要重新购买一次。东方希望集团前后花了 6000 多万元，但结果并不理想。

到 2016 年，黄兴胜他们认为，业务软件这样分散做下去肯定不行，而且太碎片化，“做一万个也做不完”，必须做统一的系统平台，统一底层信息。“不管是生产什么的，都接入同一个系统，把采购、物流、生产、销售、人事、财务全部串联起来。”

当时，市面上的软件公司都在做单系统，还没有人做平台化。这样的平台可行吗，能研发成功吗？

钉钉，便是在这样的关键时刻入局的。

解决一个最痛的点，起到了样本作用

做统一的业务大平台，起初看上去难度颇大。

黄兴胜回忆，他们当时去跟知名大学的一位信息学教授进行交流。那位教授听到他们要做平台的想法后，连连摇头：生产是差异化的，生产流程不一样，工艺不一样，怎么统一到一个系统上？

但黄兴胜认为一定可以。他认为根据不同部门和工厂的需求将业务分解到最小单元，一定能找到共性；以共性为基础，搭建最终想要的，便是统一的数字化平台。如果找不到共性，那一定是数据和流程做得还不够细，分解的单元还不够小。

这个往下拆解、拆解到最小单元的理念和构建业务“中台”

的想法，与钉钉的理念正好契合。听了东方希望集团的需求后，钉钉的好几个专家都觉得可以做，他们开始天天往工厂跑。

双方沟通中谈得最多的是，一定要用开放接口，做开放平台，以便于东方希望集团自主开发的业务应用接入。到 2017 年，东方希望集团开始构建统一的工业互联网平台，进入全面数字化试点。

开始，业务的推进并不是没有阻力。黄兴胜介绍，公司不是第一天做数字化，过去做了很多努力但成果有限。很多同事不相信这一次会有不同，不愿意进行新的尝试。

这样的时刻，样板的作用很重要。首先研发成功上线的是新的物料系统，解决的正是前文提到的大宗物料难题。在新系统下，从货车入园到后面卸货，各环节都实现了自动化、智能化。

此前，准东工业园区门口需要几十个人管理过磅等业务，进出的大卡车经常排队，甚至要排 3~7 天。

新的物料系统上线后，这项业务只需要 4 个人，并且是轮班。同时，物流运输效率和采样化验准确性也都得到了大幅提升。

黄兴胜介绍，这个系统效果好且成本低，从开发、实施到部署上线，包括所有摄像头和采集设备，全集团做下来用了不到 1000 万元的成本。

而且，建设新厂区时，部署起来很方便。“整套系统部署在了云端，新的园区只需要调用接口，插拔一下就能用。”东方希望集团现任 CIO 王东说。

智能物料系统带来的效果在全集团得到了认可，全面数字化也从此加速。到2017年年底，东方希望集团已有70多个业务“上钉”。2021年集团数字化部门升级为专门的子公司“东希科技”。

设备监测自动化，事故率降低90%

在重化工行业，安全生产与经营效率同等重要。一旦出现安全事故，造成的损失可能是百万元乃至以亿元计算。

电解铝生产自动报警系统，正是为高效解决安全问题而开发。

在电解铝的生产中，电解槽内部在高温下时刻发生着剧烈的电化学反应。在长时间的运转中，电解槽的炉帮炉底越烧越薄，如果不能及时补料维修，就会导致炉底或者炉帮被烧穿，发生铝液渗出，甚至引发严重事故。

过去，电解槽等设备的安全监测和报警处理主要依赖人力。工人穿着厚厚的防护服，戴着安全帽，拿着测温枪测量电解槽温度，监控并手动记录上报点位的温度，通过人工去判断数据是否正常。如果出现异常，反馈到工区管理群，工段再根据情况安排人员去处理。

这样的数据层层上报过程，需要大量的重复沟通和处理时间。这个时候，锅炉有可能已突然发生泄漏，而管理层还不知道发生了什么。

而且，一个环节出现故障停工，整个生产线可能都会停下来。但其他环节很可能“两眼一抹黑”，不清楚为什么突然停机、停到什么时候。

针对这个问题，钉钉与东希科技构建了一个实时的、自动的报警系统。首先，在电解槽的侧壁、炉底等不同位置，设置几十个自动测温设备，并且能在 MES（制造执行系统）设备上实时看到温度信息。对于异常，每个点位按照黄色、橙色和红色三种级别来设置报警机制。

然后，将 MES 设备上的信息与钉钉的组织和业务流程打通。如此，从前只能在专门设备上查看的信息，现在在钉钉里会自动推送给对应负责人，以实现快速处理。

有了自动报警系统后，工作人员不需要再拿着测温枪穿梭在高温运转的电解槽之间，他们只需要通过扫描设备上的二维码，打开钉钉就能监测各类电压、温度、针振等设备数据指标。

实时自动报警系统的效果非常好。数据显示，漏炉、滚铝等事故发生率降低了 90%，对异常状况的处理时间缩短了 50%，异常全员知晓反应效率提高了 87%。

机器设备的日常维护也同样实现了数字化，上线了电子作业票系统。

以前，机器维护对应的是一张纸质作业票，上面有相应的安全措施。维护人员会在上面一一勾选已经落实了哪些安全措施。之后，不同层级的相关管理人员在作业票上一一签字。这样的体系依赖员工的责任心、认真程度，工作量大，效率低，并且容易出错。纸质作业票还存在存储压力大、出了问题难以追溯等弊端。

有了电子作业票系统后，工作人员可在维护现场拍照、上传视频，自动存档生成电子档案。这样，不仅数据可追溯，安全管理也更加规范和高效。

创新无止境，拥抱 AI 时代

在最近几年的研发探索中，东希科技以钉钉为底座搭建了ERP、HR、MES、安全管理、设备管理、采购平台、销售平台、合同管理等系统，集成“上钉”系统 200 余个。

以钉钉为入口，通过这个统一的平台，能在线查阅各类经营指标数据，并可实现各业务单据的在线填报、流转、审批等一系列闭环管理。

在生产环节，通过钉钉平台与各系统接口集成，可实现对炉台设备异常、炉台加料等实时通知，有效提高了生产效率。

生产管控系统目前已连接了 10 万个生产设备，实现了对7000 个重点指标的实时监控，解决了从前数据不透明的问题，形成对高危作业的实时管理。

现在，电厂、多晶硅厂的 DCS 现场画面以 1∶1 比例实时展示，生产管理人员能随时随地通过钉钉查看实况。也就是说，问题处理的半径从中控室延伸到了几乎所有角落。如果出现异常，即使相关专业人员在出差路上，也能实时处理，指导现场调整工艺。

目前，准东园区的安保也进入了智能时代：无人机巡检作为新应用也已“上钉”。园区在围墙内有管道的重点位置设置好了监测点位，让无人机按点位周期性飞行拍摄，上传图片。无人机还可以做到精准复拍，每次拍摄同一点位，可以精准比对是否有故障。无人机还配备有红外系统，夜间也可以使用。

以前，准东工业园区的巡检方式是保安开车，沿着周长15公里的围墙，每两小时巡检一次。现在，无人机一小时飞一次。安保人员在值班室可以看直播、回放。

在东希科技的规划中，无人机的应用场景还可扩展到盘点矿山堆场，协助工程建设中的选地、施工进度查验，进行高空作业巡检、电厂安全巡检，乃至厂区环境检测。想象空间非常大。

要让科技助力核心生产，便要使对科技的探索和应用持续升级。东方希望集团CIO王东介绍，东方希望集团目前正在基于钉钉的AI功能魔法棒“/”，接入“通义千问”大模型并探索应用。

在大模型加持下，一线维修工人只需要说出遇到的故障情况，就能在钉钉上自动创建工单，然后大模型结合企业内沉淀的知识库，直接生成解决方案。这相当于为每个维修工人配备了一个超级助理，能大大提升解决问题的能力。

王东介绍，集团还带动了上下游企业的数字化。目前，集团与上下游10万家企业间的交易已全部实现数字化。这套系统以钉钉为底座，东方希望集团作为“链主”来进行推进。

数字化来到2023年，东方希望集团的移动应用已全面“上钉”，实现了从采购到物流、生产、销售，再到人事、财务，一个平台全打通。也就是说，当年关于搭建统一平台互通协作的构想最终实现了。这也成为重化工领域、传统制造业领域数字化转型，以科技提升核心竞争力的成功案例。

上海三菱：让智能机器人成为维保“老师傅”

企业简介

上海三菱电梯有限公司（简称“上海三菱”）成立于1987年1月，是中国最大的电梯生产企业之一，从成立到2024年初已制造和销售电梯超过120万台，在中国市场占有率处于领先地位，公司有直属员工上万人，维保电梯超过50万台。

从2019年开始，上海三菱与钉钉全面合作，建立起统一的业务平台，让及时沟通、跨部门协作、大项目合作等业务高效运转，还建起了机器人助手，解决过去的维保难题。

行业痛点

三分制造，七分维保——维保是电梯行业的业务大头。电梯作为复杂精密的机电设备，需要专业人士精准维保。但一个长期的现实是，电梯间差异大，维保人员流动性大，经验和知识积淀不够。上海三菱维保电梯超50万台，这些电梯分布在全国各地，如何提效维保是个挑战。

此外，由于信息化历程比较长，各个年代开发的应用技术栈差异大，应用间难互通，这让内部信息孤岛林立、工作减效。

上海三菱意识到，必须要做“减法”，做统一协作的平台。在与钉钉的合作中，上海三菱通过钉钉机器人应用，让一线人员有了智能助手。以即时消息、钉闪会、Teambition 等解决过去沟通、协作效率低的痛点，并将不同业务全部接入统一的钉钉专属平台，实现了业务与服务 7×24 小时在线。

“我给大家展示一张图，这是三菱一线员工出去时必须带的。”讲台上，上海三菱信息部经理谢璟将 PPT 定格到一个画面。

画面上有一顶安全帽、一个安全背心、一份合同文本，还有厚厚的一沓电梯图纸，更引人注目的是两个手机，一个用于通信，一个用于打开各种不同的应用。

不只是一线人员，以前上海三菱的员工办公时，都要打开七八个应用，开着不同的客户端，对应着一堆用户名和密码。这种工作方式不但低效，而且安全风险高。

这些在上海三菱与钉钉全面合作进行数字化后，已发生了改变。上海三菱以一个超级 App，连接起一切。

钉钉机器人迭代成长为“老师傅”

世界上没有两台完全一样的电梯，上海三菱生产的每一台电梯都不同。

每台电梯的载重、速度、楼层数、层高、门宽、开门方向等等都不尽相同，甚至连电梯的按钮数字，都有着完全不同的物料号。电梯的组成精密复杂，每台电梯平均有两万个零部件。

这也意味着，电梯业对日常维护和故障修理的要求很高。工作人员在维保过程中，如果经验不足、操作不当，甚至可能造成事故。然而，与之对应的一个现实是，电梯维保行业相对年轻，从业人员经验不一，并且流动性高，很难形成传统的师傅带徒弟模式。

电梯维保过去需要庞大的人力。按规定，每台电梯半个月就需要维护一次，需要至少两名维保人员进行作业。

一个对比是，上海三菱的制造生产人数只有1000多人，而在一线负责安装维保的员工有1万多人，长期维护则需要几万人。这是因为电梯的制造很早就实现了智能化，而维保则长期依靠密集的人力。

过去，上海三菱的维保人员到现场工作，需要背着重重的工具箱、带上两部手机。如果是电梯故障维修，他们还需要不断往返于客户电梯和资料室之间，选取对应工具、对应资料，在遇到难题时不断向技术专家求助，技术专家也经常会“忙到崩溃”。

电梯的维保要如何提效？上海三菱与钉钉合作，找到了答案。2020年起，上海三菱信息部将运行了十余年的急修系统挂上了钉钉。

首先，在电梯端设置了物联网模块，它会通过边缘计算，将问题实时传输到第四代物联网系统REMES-IV，通过算法，将维修单通过钉钉精准推送给对应维保人员。

同时，电梯内的监控设备能够将视频实时传递至钉钉端，远程可知晓有无电梯困人等紧急情况。如果发生困人等紧急情况，系统会以一分钟、两分钟、五分钟、十分钟这样的时间间隔，不断向不同层级负责人进行催单。

在维保人员接到的推送信息中，会包含客户所在位置、电梯基本概况、关于电梯当前故障的诊断，REMES-IV 物联网系统结合大数据算法分析给出的急修建议。

根据收到的建议，维保人员携带相应配件和工具到现场。在维修现场，如果需要技术支持，维保人员可以在钉钉中浏览知识库，发起技术支援或者询问钉钉机器人。

数据不断积累，钉钉机器人也同时“成长”，每周会更新迭代。“使用这套系统的人越多，机器人上沉淀的知识就越丰富，越能解决问题，形成正向的循环。”谢璟说。

如此，一线维保人员遇到疑难问题，不再需要不断打电话求助。钉钉机器人成了他们的技术“老师傅”，随时随地都能提供帮助。

借助这套急修系统，电梯故障可以以秒级速度反馈，维保人员可以以分钟级速度响应。电梯维保的效率因此得到了显著提升，人均保养电梯数量大大提升，急修速度和精度大大提升，电梯的故障率进一步下降。

云连接设备，钉钉连接人

过去，移动办公能力有限，“工具”大多需要减负提效，这不只是一线员工面对的问题，还是公司整体遇到的情况。

谢璟介绍，过去上海三菱的员工上班需要打开七八个应用，主管们做审批时甚至要同时开着三台电脑，因为不同的业务需要不同的系统和浏览器。

这主要是因为过去上海三菱历经信息发展的数次迭代，在不同年代和时期，依托电脑、手机等开发不同的应用系统。不同的业务部门、不同的分公司，也可能使用不同的系统和客户端。

操作系统多、业务体系各自纵向存在，形成信息孤岛，都造成工作的“减效”。“应用多但杂乱无序，就体现不出数字化的先进性。”上海三菱首席信息官戚国焕说。到 2019 年，上海三菱决定系统性地做数字化，构建统一信息平台。

上海三菱进行了很多市场调研，对包括钉钉在内的众多数字化平台反复对比。“我们发现，钉钉的底座厚实、综合能力最强。”戚国焕说。

而且，当时上海三菱已经与阿里云合作，公司数据已经上云。通过调研，戚国焕他们发现，使用钉钉有天然的连贯性和完整度。

“上云是连接设备，上钉是连接人，设备和人可以实现全面连接。”戚国焕说。

最终，上海三菱选择了与钉钉全面合作。“我们选择了解决方案丰富，效能发挥稳定的平台工具，就是钉钉。”

从 2021 年开始，上海三菱的各条业务线逐步搬上专属钉钉。他们做了大量业务场景的数字化，打造了统一的数字平台。

如此，处理不同业务时要在不同应用间交替，甚至需要打开几台电脑、手机的时代结束了。现在，大家上班只需要打开钉钉，一个应用“一统天下”。

“离开钉闪会都不知道该怎么开会了”

在上海三菱与钉钉合作之前，工作中还有两个场景让大家头疼，那就是即时沟通和跨部门协作。

过去，在公司内部找人、即时沟通难度相对大，尤其是在需要跨部门合作的时候，沟通渠道有限。那时候，大家不得不占用私人交际的信息通道，大家的微信好友中都有大量的公司同事。同事没加好友就无法沟通，还经常会出现信息发错人、发错群等情况。“尴尬还是其次，最大的弊端是公司信息安全受到极大影响。”谢璟说。

过去移动办公能力有限，并且出于安全等因素考虑，很多部门下班即下线，如果出现紧急业务情况，沟通协调都很麻烦，无法及时处理情况。

谢璟说，自从使用钉钉后，这些问题都得到了解决。钉钉成为同事间最重要的沟通工具。“再也不用把同事和亲朋好友混在一起了。”并且，钉钉特有的官方通讯录、长时间云端存储、已读未读消息、群待办、共享文件等，都非常有效地提高了即时沟通的效率。“这是一套自带生命力不需要信息部推广的信息系统。”

数据显示，2022 年上海三菱在钉钉上的日活人数与注册人数相当，等于全员在线，日活群有 1000 个以上，日均发消息量有 30000 条以上。上海三菱首席信息官戚国焕说：从这些数据中，可以看到三菱与钉钉的融合程度。

在跨部门协作，尤其是做大项目管理时，上海三菱还以钉钉 Teambition 助力。过去，一个大项目可能需要上百人合作几个月，线上线下反复沟通协调。现在，在 Teambition 上协作就可以了，它能够同时容纳 400~500 人在线。

例如，上海三菱中标某大城市地铁项目，需要安装几百台电梯。地铁线建设周期长，电梯安装时间各异，需要协同诸多环节。现在，从电梯交货到吊装到安装调试，从派工到付劳务费等环节，全部通过 Teambition 完成，项目管理清晰高效。

通过钉钉实现全面移动化办公后，上海三菱的业务会议也通过钉闪会移到了线上。从会议准备、主题、议程，到会议结果、后期落实，钉闪会让会议不沦为形式和过场。据介绍，上海三菱管理层非常认可钉闪会，总裁开会时会使用钉钉脑图。

戚国焕介绍，需要全员在线办公时，上海三菱的会议全部是通过钉闪会完成的，每天开 400 多场钉闪会，现在日均也有 50 多场钉闪会。大家认为这种开会方式效率很高，现在，“离开钉闪会都不知道该怎么开会了”。

让沉睡的文件化身知识库

在公司业务的全面数字化升级过程中，上海三菱过去的另一个长期业务痛点也得到了解决，并助力了日常工作。

上海三菱积累了很多文件资料，例如电梯的设计图纸、安装维保工艺、案例信息等。过去，这些资料以纸质形式保存，大量库存的纸质资料首先带来的是查询的难度。这些几十年来积累起的资料，存储也是问题，“库房的租金甚至比办公室租金还高”。而这些资料非常宝贵，应发挥巨大价值，弃之不用的话大家觉得非常可惜。

现在，这个问题也得到了解决。

上海三菱信息部门将这些资料逐批数字化，形成钉钉文档，接入到了钉钉知识库。如此，那些常年沉睡的文件被利用了起来。“在钉钉上，我们通过产品条线和常用工具条线，让这信息全部活化，能够真正覆盖和赋能上海三菱员工全部业务场景。”戚国焕说。

这个知识库也接入到钉钉机器人，帮助一线做维保工作。现在，如果维保人员在现场遇到问题，比如故障类型没见过、电梯型号不熟悉、不知道怎么修等等，打开钉钉，机器人马上就会告诉他怎么办。“这样，大幅度为一线员工减了负，让他们能够更加聚焦于复杂场景的应对。”谢璟说。

个性化钉钉界面“千人千面”

数字化、智能化让上海三菱的业务全面升级。戚国焕介绍，到 2022 年，上海三菱已初步完成数字化整体切换，整体效果很好。他总结说，借助钉钉，上海三菱打造了“四个统一、五个在线、千人千面”的移动办公门户。

“四个统一”是指：统一系统、统一组织、统一信息和统一门户。将分散的全国业务线统一在了一个数字平台上。“五个在线”是指：人员组织、即时沟通、业务办公、任务协同、上下游生态均在线。

现在，任何城市的上海三菱电梯与安装、维保、运营相关的信息，各个业务条线上的各个部门都能掌握。

在统一的数字平台上，大家共享信息、高效协作；同时，打开钉钉，每个人的界面都是个性化的。因为围绕一台电梯，有不同业务侧重、不同工程，每个员工根据自己的需求建立个人收藏、应用卡片和业务分类，便形成了“千人千面”。

数字化最终还要看效果。戚国焕认为，上海三菱数字化做得好说明选择的数字工具及其提供的解决方案靠谱、好用。

他介绍，上海三菱数字化的最终目标是，通过钉钉这个客户端，连接人与人、人与系统、人与电梯，真正实现电梯的智能化、数字化。

晶科能源：光伏龙头打造全球协同新底座

企业简介

晶科能源股份有限公司（简称“晶科能源”）是一家聚焦光伏产品研发制造和清洁能源整体解决方案提供的太阳能科技企业。从 2006 年成立到 2024 年初，该企业已布局 14 个全球化生产基地，下设 10 余个海外子公司、30 多个营销中心，为全球近 200

个国家和地区的3000余家客户提供太阳能产品解决方案。

晶科能源在行业中率先建立了从硅片、电池片到组件生产的“垂直一体化”产能，其组件出货量多年位列全球第一，领跑全球主流光伏市场；全球市占率达15%，2022年全年营收超800亿元，上榜《2022胡润中国500强》、《财富》中国500强。

2022年，晶科能源开始系统性移动化、数字化转型，与钉钉启动战略合作，开启了多项数字化项目创新，助力其在全球市场竞争中赢得长期优势。

行业痛点

行业中最早设立“垂直一体化”产能布局的晶科能源，拥有不同的业务线，涉及诸多上下游企业。晶科能源自成立以来，人员剧增、组织变大，布局全球化，公司管理面临极大挑战。

过去，内部官方沟通工具活跃度低，常常出现找不到人的情况。公司早期的数字化和移动化系统由各个部门单独开发，缺少整体规划，互不相通，呈现杂乱无序的状态。

作为一家全球光伏领域的龙头企业，晶科能源无论是在生产、研发领域，还是在营销领域都具有全球布局，各类远程沟通软件都在使用，无法做到统一，公司跨文化、跨体系、跨语言沟通遭遇困境，通信工具公私不分，公司每天上万份文件通过各种途径转发出去，无法管控，也给信息安全工作带来很大风险。

晶科能源遇到的这些问题，也是跨国能源企业普遍遇到的问题。全行业形成共识，应对这些问题必须靠数字化转型。与钉钉全面合作后，晶科能源以钉钉为数字化底座，实现钉钉和自有系统打通，攻克一个个痛点，解决了销售管理、产品溯源体系、信息安全管理、全球协同等方面的问题，提高了办公效率，优化了管理流程。

在晶科能源上海公司的展示大厅里，新能源智慧平台的巨幅屏幕在实时闪动变化，电站运行情况、发电量统计、环保贡献等数据在不断刷新。

近几年，中国光伏产业进入了发展快车道，越来越多的新能源企业正在加速拥抱数字化。作为全球光伏产业的龙头，晶科能源也不例外，亟须通过高效的数字化变革来管理庞大的组织，应对激增的生产需求和快速变化的市场。

通过对市场上同类型产品进行比对，晶科能源最终选择了钉钉，与钉钉共同开发了专属定制版 App“晶彩”。由过去的人找系统、人找功能、人找数据的旧工作模式，转变到系统找人、功能找人、数据找人的新工作模式，显著提升了组织协作效率。

截至 2024 年初，以钉钉为底座，晶科能源已搭建起一个互联互通、高效协作的统一数字化平台，集成了 100 多个移动应用，办公、管理、生产、销售、生活全打通，成为新能源行业数字化转型的典型。

无序状态需数字化破局

“谁能相信，之前公司有一半的人在内部通信工具中是找不到的。”据晶科能源信息部工作人员回忆，前几年，晶科能源每天登录通信软件的员工人数大约只有四成。

晶科能源此前尝试过移动化，曾采购和开发过很多不同业务系统的软件。结果导致每条业务线都有自己的独立应用，形成了一个个信息孤岛，而且重复建设，耗费大、效果不理想。

晶科能源是一家全球布局的企业，海外员工人数高达 1 万。因时差、工作习惯、通信软件的差异，海内外员工平时沟通交流很不顺畅，有时候发出去的邮件一个月都得不到回复。

近两年全球光伏市场需求高度景气，光伏产业链上，组件领域的市场份额有 80% 以上在中国，而 2023 年中国光伏组件出货量排名第一的是晶科能源。晶科能源的组件产能由 2021 年底的 45GW 扩张到如今的 90GW。

随着公司规模快速扩张，杂乱无序的办公状态已难以适应公司迅猛发展的需求。这些矛盾在 2022 年疫情期间被急剧放大，当时大量员工都需要居家远程办公，线上协同办公软件成为刚需。

晶科能源内部达成共识，必须全面推进移动化、数字化转型。各业务口、海内外员工必须统一到一个系统平台上来。

“我们需要找到一个非常好的平台，这个平台要把公司员工都集中在上面，将杂乱无章的状况梳理得井然有序。”晶科能源信息技术体系技术平台部总监朱元伟打比方说，这个平台就像一块地，要在上面种满庄稼，然而当时是一盘散沙，无法耕种。

晶科能源自此启动移动化、数字化的整体规划和建设，通过对市面上各类数字化平台进行评估、对比，钉钉最后脱颖而出。

“并非因为某一个功能而选择钉钉”

对于数字化底座的选择，晶科能源有着多方面的诉求，既有加强信息安全方面的，也有提升协同办公效率方面的，同时在国际化、智能化方面也有一些较深层次的期望。重要的是，它不只是一个用于沟通的 IM 工具，还是具备良好扩展性的移动化平台，钉钉在 PaaS 方面的能力是晶科能源选择它的重要原因之一。

晶科能源曾对比多个数字化平台，做了大量市场调研，发现它们大部分接口数量都在几百个，而钉钉当时有 4000 多个接口，开放的能力范围很大，平台上也已形成了初具规模的软件生态，有很多现成的标准化功能可以调用，能够大大节省晶科能源自有团队的开发时间和精力。

晶科能源方表示，并不是因为某一个应用或者某一个功能选择了钉钉，而是看中了它能够作为整个集团数字化的一个底座基础，希望能在上面搭建满足晶科能源自己需求的系统。

晶科能源的业务庞杂，需要有面向客户、供应商、合作伙伴的不同端口，而且国内和海外还不一样，系统需要有两套不同的版本，但同时又能打通。这些，钉钉都能满足。

2022 年，晶科能源与钉钉共同开发了专属定制版的“晶彩”。2024 年初晶科能源内部的钉钉激活率超过了 95%，日活率在 80% 左右，已经解决了“没人用”的问题。

之前，处理不同业务在不同应用间交替，甚至需要打开几台电脑、手机，这样的时代就此结束。现在，晶科能源员工上班只需要打开钉钉即可。

“我们希望能够和钉钉共创、共发展。”朱元伟说，晶科能源自2023年和钉钉合作后，就产品的功能曾提出数十个优化诉求。同时，晶科能源也做了一些自研和开发，补充了公司的个性化需求。

“将来我们会共创更多东西，这是两家合作对未来的期望。”钉钉制造业总经理高铎表示，近两年，钉钉接收到越来越多来自新能源企业的数字化需求，因此专门成立了业务线，针对新能源赛道打磨行业解决方案。

构筑安全护城河

接入钉钉之前，晶科能源信息化项目组最担心同事们嫌麻烦不愿用，因为大家都已习惯原来的工作沟通方式。

项目团队在内部推广上下了不少功夫。在初始阶段，就已做起运营预热。比如“晶彩”这个名字，就是项目团队发动员工和高管们一起投票选出来的。

“晶彩”上线测试刚好赶在了2023年春节前，公司CIO王兴旺就把员工们都拉到钉钉上发红包，提高了整体活跃度。然后又通过节日活动、专题培训等各种方式召集全公司员工“上钉”。更重要的是，“晶彩”里还集成了各个部门最高频的应用。

“晶彩”从2023年3月开始正式大规模推广，到5月，晶科能源近5万人都在使用钉钉。员工们终于汇聚到了一个统一的办公平台之上。

人气有了，接下来就要解决一些核心问题。

晶科能源内部曾统计过，之前公司每天使用个人聊天工具进行传输的文件有上万份，这些文件到底从哪里传到了哪里，谁也没办法溯源。据介绍，晶科能源文件共分为五个安全级别，大部分属于“密级”。

对于高精尖制造业来说，信息安全至关重要。光伏行业是以产品为导向的高精尖制造业，核心的研发资料和工艺参数一旦泄露出去，将面临巨大风险。别人可以拿走你的参数，快速制造出相似产品。

晶科能源解决信息安全问题的方式，是和钉钉一起搭建一个“工作空间”，将员工个人数据与办公数据隔离，每个人的工作文件都保留在这个“工作空间”，向外转发需要权限，而且所有向外的流转都可以进行审计和溯源。

线上数据得到了管理，线下物理设备的管控也同时实现。由于晶科能源有大量工作必须在生产线上完成，钉钉也联动了晶科能源工厂里的物理空间，例如在生产车间里的敏感区域，员工通过钉钉扫码进行身份验证进入，此时手机的摄像头会自动封禁，确保符合敏感区域禁止拍照的要求。

“钉钉的安全底座可以精确到人、精确到组织、精确到设备的这种管理，比较符合晶科能源的信息安全管理需求。”晶科能源信息安全与保密管理总监张寅江认为，钉钉的安全性能非常精细、丰富。

晶科能源通过钉钉搭建这道数字化保密护城河后，据统计，公司文件的转发量比之前大幅下降。

全球协同一个钉钉就够了

解决了核心的信息安全问题，晶科能源的另一个痛点是怎么实现全球协同。

晶科能源业务遍布全球近200个国家和地区，有员工5万余名，海外员工高达1万名。近三年，晶科能源的业务增速基本都是逐年翻倍，且有超过一半的营收来自海外市场，人员规模迅速扩张，不同员工、不同业务的协作挑战很大。

过去，晶科能源的国内员工交流大多使用私人通信工具，海外员工则习惯于用邮件。涉及线上会议时，市面上几乎所有的会议软件都有员工在用，有些岗位为了开会要装好多个软件，特别复杂。

线上会议还有一个明显缺点，例如，召开一个约20人参加的会议时，如果一个关键人员不上会，所有人就都得等。

钉钉有个“一键拉会”的功能，可以直接把参会人员全部拉进来，不需要等待。后期做内部调研时发现，这是晶科能源员工们最喜欢的功能。

除了“一键拉会”，晶科能源还在钉钉上创造了一个新功能——“一键拉群”。海外很多同事习惯于邮件协作，解决一个问题可能涉及十几甚至几十个人，有可能要来来回回发几十次邮件，效率非常低。

晶科能源为此打通了微软Outlook邮箱和钉钉之间的接口，

在邮件上一键点击，就可以把发件人、收件人、抄送人等所有相关同事，自动拉到一个钉钉群内直接沟通，大大提升了效率。

此外，钉钉还支持18种语言的相互转换，文档实现自动翻译，最大限度地给使用者带来了方便。

目前，在晶科能源的马来西亚、越南、美国三大海外生产基地，钉钉的激活率均在90%左右。

移动数字化除了在办公系统成果显著，在生产领域也有很多应用成效。比如在工厂车间点检环节，过去是人工用纸质表单做点检，缺点是效率低且数据难以快速汇总。改成移动端点检后，数据及时回传，钉钉会立刻生成工单，发给相对应的员工，及时告知哪些设备出现了问题需要解决。

接入钉钉后，晶科能源5万人的协同从散乱走向了有序。据统计，晶科能源已经在钉钉上集成了100多个应用，覆盖了OA、MES、EAM、GQMS、CSM等办公与业务系统，也包括宿舍、福利商城等员工生活系统，实现了系统监控、流程审批、业务操作等多方面的数字化，让工作和生活更加便利与高效。

正如晶科能源所愿，这块地上种上了不少新的庄稼，充满活力。

深度数字化抢占全球高地

晶科能源在数字化上的探索依托钉钉起步，并将继续探索。信息管理、全球协同是公司数字化规划的第一阶段，接下来要瞄准的是营销促销场景。

据晶科能源营销 IT 总监周昕描述，过去，晶科能源的销售人员经常会在车上、路边等各种场景打开电脑录入信息、处理文件，很不方便。晶科能源 2023 年上线了“全球客服平台”系统，将一些交互环节都做了钉钉的移动化接入，包括售前阶段的来访引导，生产过程中客户的监造，以及售后环节的客户反馈等。基于实际业务场景做的这些个性化开发，把销售过程中的碎片化需求都集中到一个平台上，改善了闭环。

“移动数字化是提升营销领域人效的重要途径。”周昕的想法是，之后要进一步解放销售人员，让他们在手机端就可以完成大部分工作。再进一步的话，就是让销售端在生产交付、售后等关键环节、场景能够实现完全移动化，提升整体流程的效率。

在移动办公方面，晶科能源接下来还会做各个端口的打通，希望移动化最终能够贯穿到整个业务的全链路，把上下游的合作伙伴们也拉到同一个平台上工作，实现更高效的协同。

2023 年，数字化领域最热门的话题就是 AI 大模型应用。在晶科能源看来，未来在数字化方面，一定要考虑用智能化方式去解决更多场景的问题，比如怎样用 AI 的方式对合同进行更好的管理，对风险进行智能化识别。

随着全球市场竞争越来越激烈，公司数字化转型也逐步进入深水区。用 AI 大模型去挖掘和建设应用，是晶科能源和钉钉下一步共创与探索的方向。

钉钉总裁叶军在 2023 年 12 月 6 日举行的新能源行业钉峰

会上表示：“今天的企业面临着前所未有的挑战，面临着技术革新、市场变化等种种不确定性。数字化的价值在于帮助企业的管理、生产、经营变得更具韧性，以应对未来的不确定性。”

数字化系统是帮助行业抵御风险、打造核心优势的重要工具。晶科能源在发展历程中也曾遇到过困难，丢掉过行业冠军的宝座。但随着公司对技术路线的准确判断，其业务又重新走上了快车道，重回世界第一。这是中国能源产业走向全球的一个缩影，而在这家公司身上发生的数字化变革，也拉开了中国新能源产业数字化革命的序幕。

艾为电子：一颗“中国芯”的 AI 创新实践

企业简介

上海艾为电子技术股份有限公司（简称“艾为电子”）是一家芯片设计公司，创立于 2008 年 6 月，专注于高性能数模混合信号、电源管理、信号链等 IC 设计。2020 年，艾为电子被认定为国家级专精特新“小巨人”企业。2021 年 8 月，艾为电子在上海证券交易所科创板成功上市。

艾为电子是经由工信部认定的“集成电路设计企业”和专精特新“小巨人”企业，截至 2024 年 3 月，艾为电子累计拥有 42 种产品子类，产品型号总计 1000 余款，产品性能和品质已达到业内领先水平。

公司产品可分为“声、光、电、射、手”五大类，持续从消费类电子渗入 AIoT（人工智能物联网）、工业、汽车等市场领域，服务近千家客户。我们在日常生活中眼睛看到的、耳朵听到的，包括能够触摸到或者触摸不到的电子产品，可能里面都有一颗“艾为芯”。

艾为电子现有员工 1000 余人，其中技术人员超过 900 人，截至 2023 年上半年，公司累计取得国内外专利 400 多项，软件著作权近百项，集成电路布图登记 500 多项。

行业痛点

芯片类产品种类繁多、参数复杂，专业性又非常强，而且需要服务的客户数量也很多。

每一款芯片产品都附带有几十页甚至上百页的产品手册。客户在使用过程中会随时给艾为电子发来咨询，可能在线上，也可能通过电话。以往，这些咨询都是公司的技术服务工程师亲自解答，占用了大量的人力资源和时间。

如何高效准确地为客户提供产品参数信息，即时响应客户的咨询提问，既是芯片行业的一个痛点，也是一个很大的挑战。

在大模型日趋火热的当下，艾为电子基于钉钉的 AI PaaS 能力，与钉钉共创，打造出艾为专属模型，并基于这一模型搭建了一款“IC 智能客服”，可以 7×24 小时为客户提供即时响应的咨询、答疑服务，将技术服务工程师成功解放出来，极大地减轻了他们的负担，并极大地降低了公司成本。

2023 年 11 月，世界互联网大会乌镇峰会期间，钉钉宣布智能化底座 AI PaaS 全量上线，面向生态伙伴和客户开放。艾为电子 CIO 陆铁亮相钉钉极客派乌镇专场，分享他们与钉钉 AI 的共创成果。

陆铁表示，艾为电子基于钉钉 AI 的 IC 智能客服目前已经在官网上线，这带来了 7×24 小时更加及时准确的快速响应服务，能大幅提升用户满意度，同时还能节省一线技术人员的时间。

因信息安全结缘钉钉

智能客服是艾为电子使用钉钉的典型场景。事实上，艾为电子与钉钉结缘，肇始于其对信息安全的考量。

2021 年，艾为电子准备启用一款办公协同产品。经过对市面上相似产品的综合评估对比，2022 年 6 月，公司确定选用钉钉。

“选择钉钉，主要是因为安全问题，钉钉的安全保障能力还是排在最前面的，我们芯片企业对安全能力要求是最高的。”陆铁说，“安全能力提升后，公司才能提升效率放开干，否则很可能因为安全问题，全部一刀切管死了。”

数据安全可以说是芯片设计公司的生命线，安全问题大致可分为两类。一类是从内到外的，员工的一些有意或无意的行为，可能会导致公司数据的遗失，或者泄露。另外一类来自外部的攻击行为，这些行为会导致公司的数据被盗。

陆铁介绍，从钉钉角度来讲，需要做的主要是防范第一类情况的发生，或者保证发生后可以做到溯源查证。

艾为电子全员上钉钉后，等于为公司加了一道信息安全保障。

公司安全能力提升，在保障安全的情况下，可以把研发、非研发之间的协同效率提升。如果没有钉钉这样一个平台性产品，就会导致公司为了安全一刀切，大家把大量的时间花在沟通上，沟通成本会特别高。

与钉钉 AI 共创智能客服

2023 年 4 月的春季钉峰会上，钉钉宣布接入通义大模型，并表示要用大模型把钉钉重做一遍。在用大模型重塑自身的同时，钉钉也在积极降低 AI 技术的门槛，让 AI 能力为更多企业所用。对于 AI 能力如何开放，钉钉给出的答案仍然是“PaaS 化”。

2023 年 8 月的钉钉生态大会上，钉钉宣布将智能化底座 AI PaaS 开放给生态，用大模型帮助生态和客户把产品重新做一遍。

在此之前，钉钉与艾为电子签订了战略合作协议，双方共同推动芯片行业数字化平台建设，并基于生成式 AI 能力的进展开启共创，共同探索智能化方案在芯片行业的实践。艾为电子成为钉钉 AI PaaS 共创的首批客户，目标瞄准客服问题。

艾为电子累计有 42 款子类产品，超千款拥有自主知识产权的芯片，服务近千家客户。芯片产品的特点是参数非常复杂，专业性也很强，如何高效准确地为客户提供产品参数信息或者问答，其实是一线技术团队遇到的一个很大的挑战。

相比于传统的针对 C 端的客服问答，芯片这种针对 B 端的客服问答要复杂得多。

作为国内知名芯片设计商，艾为电子的产品分“声、光、电、射、手”五大类别，产品广泛应用于消费电子、物联网、工业、汽车以及智能设备领域。

艾为电子每款产品涉及的子类别有几十种，涉及不同领域的专业知识，同时每款产品的参数也有几十个，客服怎样才能回复得快速、准确又专业是艾为电子的技术服务团队在日常工作里经常遇到的问题。

如果你见过芯片产品说明书，就会知道要熟悉几千种芯片的细节多么有挑战性。通常情况下芯片产品说明书用英文撰写，文件篇幅在几十至上百页不等。但它的最大难度还不是体量大，而是涉及的知识门槛高，里面包含了大量的技术专有名词、表格、电路图和各种技术参数。有时候一些表格之间还会互相关联，同时一些词汇在芯片产品说明书里的意思与通用的含义还会不一样。

要准确回答海量的与产品参数相关的问题，需要回答者具有非常扎实的行业知识功底，一般的客服人员根本无法应对这类问题。

艾为电子为此配置了七八十名技术服务专家，这些专家每天在本职技术工作之外，还要花大量时间从产品说明书中确认细节，回答这些复杂的专业问题。

据了解，行业标杆德州仪器有10万款产品，服务于10万家客户，很早就跟亚马逊一起来研究智能客服，只是当时不是使用现在的大模型技术。

“我们作为国内该行业企业追赶的对象，更要尝试这种新的技术来实现弯道超车。”陆轶说，“2022年我们了解了大模型技术以后，就一直在思考如何把这个技术运用在我们的实际场景中，解决实际的问题，智能客服正好可以作为切入点，解决业务中的一个痛点。”

打造智能客服专属模型

陆铁表示，选择智能问答场景的原因有三个：一是企业切实存在痛点；二是这个领域里数据相对公开，不涉及更多的隐私及保密需求；三是经过大模型的升级，可以把以往准备的知识资产更好地利用起来。公司此前有几百个 FAQ（常见问题集锦）。大模型的语义理解能力大幅提升后，问题与公司内对应的 FAQ 能更好地被提取出来，从而节省人力成本，提升用户体验。

这种筛选过程也反映了很多企业在探索大模型落地场景时的态度和思路。钉钉的 Chat AI 解决方案工程师认为，企业的态度比较理性，在场景共创阶段，先有天马行空的设想，之后很快会框定到能够带来切实效果的场景里。“如果是玩具，技术就没法落地，所以企业会很重视能带来生产力提升的场景。”

共创过程中，钉钉的 Chat AI 解决方案团队、AI PaaS 层以及应用共创企业都需要做不少细致的工程工作，才能让问答类产品回答得更准确。

例如，问答类场景里，用文档的数据喂模型时，窗口界面对文档的大小有限制，通常情况下不能一股脑把整个文档喂给模型，而是要采取切片的方式，让模型能一段一段地去做阅读理解。切断的策略不一样，上下文的连贯程度可能就会有差异。

通过与企业在场景里的共创，钉钉的技术人员沉淀出了切片的策略经验。除此之外，钉钉的 Chat AI 解决方案团队还与共创的企业打磨了召回、相链等能力，通过相应的策略调整和大量综合性工程工作，让问答的结果更准确，应用更智能。

正是基于上述共创打磨，艾为电子依托钉钉 AI PaaS 的能力，打造出基于智能客服的艾为专属模型。

2023 年 11 月，钉钉宣布智能化底座 AI PaaS 全量上线，面向生态伙伴和客户开放，并在官网开启体验入口。与此同时，艾为电子的智能问答客服也在公司官网同步上线，开始正式为近千家 B 端客户服务。

对于智能客服带来的业务价值，陆轶从两个维度进行了总结。

第一个是客户的维度。智能客服可以带来的是 7×24 小时更加及时准确的快速响应服务，这样客户的满意度自然而然就会提升。因为芯片产品这个服务不是一个通用型的服务，很多都是有技术支撑的，原来都必须靠人去做，现在通过智能化实现了高效解决，提升了客户满意度，是公司很重要的价值之一。

第二个是公司的维度。艾为电子原来向客户提供服务的七八十名技术人员，其实都是有研发背景的，他们原来需要耗费大量的时间来回答客户的提问。事实上任何人都不可能把 1000 多款产品所有参数的技术指标都记在脑子里，他们也要花大量的时间寻找答案，然后回答客户的问题。使用智能客服后，这些一线工程师可以将更多的时间用于有更高价值的场景，解决一些更高难度的问题，这是公司提效降本的重要一环。

“其实我们和钉钉团队一起决定用 IC 的智能客服做尝试的过程中，也遇到了不少挑战，当初可能没有想到，我们有幸第一批用到了钉钉 AI PaaS 的一些功能。”陆铁表示，“这一方面降低了成本，另一方面也可以做一些以前无法实现的事情。”

全员低代码开发

过去的一年中，除了基于钉钉 AI 打造的智能客服，艾为电子还用钉钉实现了多个应用系统集成“上钉”，解决了文档类非结构化数据的安全与分享等方面的问题，并运用钉钉文档、音视频会议等工具，实现远程协同，沉淀出行业知识库。

在提升安全性和效率的同时，艾为电子还使用宜搭低代码平台，与钉钉原生功能结合，创建了 100 多个专业应用，帮助员工高效完成工作。

为此，公司曾专门组织过一场宜搭低代码开发大赛。比赛分为两个组：一个是专业组，让有程序开发经验的设计人员参加；一个是业余组，让完全没有开发经验的人员参加。

最终评比时，专业组里面开发的一个单板应用系统非常出色。这个系统很大，涵盖产品的入库、出仓、外借等等，一系列管理过程都在这里面完成，包含几十个页面、很多功能。

业余组里面也有一个挺好的产品，就是员工的公寓管理系统，这个系统可以专门用于接待公司外地员工来上海总部开会，或者给公司的客户预订房间。原来这些都是打电话完成，现在不用电话，直接在钉钉上面操作就行，会形成一个完整的管理闭环。

陆铁表示，这次大赛的两个小组最终都评出了一、二、三等奖，大家的积极性很高。

大赛之后，公司员工开始习惯于用低代码开发应用。陆陆续续，基本上每周都会有人上传自己做好的应用，将其发布到公司的钉钉工作台上。

从数据安全到公司管理，再到智能客服，钉钉在艾为电子的数字化蓝图中已经不是一款单一的管理软件，艾为电子的目标是把钉钉作为数字化的生产力平台。

在 AI 和智能化的大趋势之下，艾为电子还将与钉钉一起，持续探索 AI 能力在芯片行业的全新场景。

对于智能客服，陆铁认为，这只是探索 AI 创新的一个起点。其实在更广泛的数据资产（包括非结构化的数据资产）上，还有更广泛的场景可以去用，通过钉钉的 AI PaaS 的平台能力更好地为企业员工服务，也是重要的探索方向。

“共创探索的初步成功，为我们进一步用 AI 技术在数字化转型深入阶段赋能业务提供了很好的支撑。”他说，“下一步艾为电子希望利用 AI 进一步挖掘非结构化的数据资产的价值，同时让企业内结构化数据的提取变得更简单。此外，现在行业已经开始讨论 AI Agent 的应用，艾为电子也在思考未来与钉钉共创场景，利用数字员工去完成更多类型的任务。”

第八章　管理升维的智能探索

新浪微博：当互联网原生企业决定拥抱 AI 工具

企业简介

微博（亦称新浪微博）是中国互联网社交平台领军者，由新浪开发。2009 年 8 月上线后，微博注册用户数一直保持着增长，成为大众娱乐休闲生活服务、信息分享交流的重要平台。

2014 年 4 月 17 日，微博正式登陆美股纳斯达克市场，股票代码 WB。公众名人用户众多是微博的特色，微博基本已经覆盖中国大部分知名文体明星、企业高管、媒体人士，很多国际知名人士也在微博注册了账号。

截至2023年二季度，微博月活跃用户接近6亿，日活跃用户最高达到2.58亿。2023年上半年，微博实现总营收8.54亿美元，归属母公司净利润1.82亿美元。主营收入结构上，上半年广告及营销业务收入约为7.41亿美元，占比为86.76%。

微博在启用钉钉后，成为办公场景中AI能力落地较快的公司，是钉钉“魔法棒”的首批用户，在机器人及低代码应用上也屡做创新。

行业痛点

互联网公司的科技色彩，本身就意味着高效和创新。很多互联网企业都有自我研发能力，可以自己开发出办公协同工具。但这样的做法会相应占用公司不菲的人力成本以及维护成本。核算下来，与去市场上采买专业软件相比，自研未必具有成本优势，而外采是一笔固定费用，不但能享受到成熟平台带来的优势，还能受益于平台持续更新迭代带来的更多注入和惊喜。

自研还是采买，是很多互联网企业面对的一个问题。

在数字化浪潮中，互联网企业同样面临着效率提升、推陈出新的压力。微博对此的应对是，果断放弃自研，全体搬上钉钉，让专业的产品做专业的事情。

成立于1998年的新浪，是一家服务于中国及全球华人社群的网络媒体公司，也一直是中国互联网门户网站的领军者。目前，新浪集团旗下拥有微博、新浪新闻、新浪财经等产品。

毕业于复旦大学的王巍，2000年加入新浪，负责新浪集团信息化系统规划、设计和建设工作，从 2016 年开始担任新浪集团首席信息官，全面负责集团的 IT、大数据及人工智能战略规划管理工作。

2021 年，王巍被任命为微博 COO、新浪移动 CEO，全面负责新浪移动的业务发展，并分管微博的技术研发、渠道拓展与运营、战略业务拓展等工作。

最近两年，王巍带领微博技术研发团队，结合微博复杂的业务场景，自研图神经网络的分布式训练框架，结合对比学习，对用户特征和社交图网络进行编码，学习用户高阶特征。由于海量标注数据的成本非常高，微博技术研发团队基于无监督的方法，学习用户的 embedding（嵌入），构建用户图网络模型；然后基于小规模的标注数据进行监督微调训练，支持离线挖掘、实时预测，从而实现了对潜在风险信息的主动预警。这项应用为社交平台的生态治理提供了参考。

在 20 多年的新浪生涯中，王巍不仅见证了新浪的发展成长，也见证了中国互联网门户的高光时刻及社交媒体平台的兴起。

新浪微博这样的数字化企业，在办公中始终追求高效协同，为此曾自建过很多应用。2023 年上半年，经过一系列评估，微博及整个新浪集团决定引入专属钉钉。王巍表示，做出这样的决策，主要是看重钉钉的智能化、开放生态以及统一协作平台的能力。尤其是在 2023 年 AIGC 浪潮之下，钉钉在办公场景中和 AI 能力的融合，让人“感到很兴奋”。

“一个钉钉就够了”

新浪作为中国互联网兴起的标杆企业，已有 20 多年历史。新浪孕育的微博也有 10 多年历史。互联网企业天然具备数字化属性，依据自身的研发能力，新浪和微博开发出许多用于办公协同的应用。

事实上，无论什么样的自研应用，都会占用人力成本。无论开发还是维护，都需要有少则几人，多则几十人甚至数百人的团队为此服务。

降本增效是每家企业需要面临的课题，互联网企业也不例外。王巍认为，对于怎么应对这个挑战，需要有深层次的考量。在当前降本增效的环境下，如果自己的团队去研发办公协同工具这种标准化的软件，除非做成了能出去卖钱、有收入，否则就不如用一套别人的现成的成熟产品，奉行“拿来主义”，但拿来的东西得是高度可定制化的。

“我们相信几千个人开发、在几万个人的生态环境下做出来的东西，一定比我们几十个人、几百个人做出来的东西更好，更能经受考验。”他说。

2023 年 4 月，王巍带领团队专门去了一趟杭州，见到了钉钉总裁叶军和钉钉 CTO 程操红。

钉钉现场进行了接入 AI 大模型后的演示，办公场景和 AI 能力的融合打动了王巍。这和他的想法不谋而合，智能化的能力可以爆发出强大的创新力，大大提升办公效率。

另一方面，让王巍惊讶的是钉钉的平台化思维和生态开放的决心。

从新浪到微博，过往都自建过很多应用，因此沉淀了很多系统和数据。王巍希望有一个足够开放的平台把不同系统集成到一起，而不是形成数据孤岛。

“对比了市面上诸多协同办公平台后，我们发现钉钉非常开放和包容，为不同客户构建了更顺畅、更开放的连接环境，也建成了丰富的生态体系。在这样的背景下，我们作为企业，可以以较低的成本享受丰富多样的企业服务。”王巍说。

钉钉像一个超级 App，它有开放的底座能力、丰富的应用和功能，以及繁荣的生态体系，非常适合企业把它定位成统一的协作平台。这样，所有的场景、流程、系统、数据都是打通的，再加上 AI 能力的加持，一个钉钉就够了。

基于上述这些因素，王巍认为，引入钉钉可以为员工提供更好的工作体验，进一步推动企业发展和创新，这是微博决定采用钉钉的主要原因。

组织创新大赛激励员工“上钉”

公司推进全员使用钉钉，意味着改变协作文化和工作习惯。有些员工可能对引入新的工具有抵触情绪，不愿意改变，也可能担心新工具会烦琐，造成工作成本增加。

在这种情况下，微博从公司层面建立了一个支持系统，让员工可以随时咨询使用过程中的问题，同时通过领导示范、部分团队试点逐步推广等一系列措施，降低适应成本，让员工逐渐认识到钉钉的好处。

此外，公司还抓住几个跟员工日常工作紧密相关的高频系统，把它们切到钉钉上，带动大家去用。

更有趣的是，公司为此举办了一场“新浪微博 × 钉钉——工作方法创新大赛”。举办这个大赛的初衷其实很明确，希望大家能更好地利用钉钉，创新工作方法，在提效、节约成本方面为业务助力，希望通过这样的创新活动激励员工自发、创新地利用各种资源，创新工作方法，分享他们的观点和经验，为公司创造更大的价值。

大赛举办过程中，无论是对工作流程的优化，还是对低代码开发，员工们都表现得非常踊跃，积极性受到激发，对钉钉也很快熟悉并适应起来。

从全公司决定使用钉钉开始，经过三个月时间，新浪及微博的全体员工基本已完成系统的切换，习惯了使用钉钉办公。

以前，微博内部产品项目群中每小时发送的消息多达上百条，项目组成员需要不断查看群消息，以避免错过重要项目进展。

现在，钉钉的群智能摘要功能将员工解放出来，可一键获取关键信息；智能会议能生成会议待办，将冗余细碎的工作交给 AI，让项目跟进更高效。

切换过程中阵痛不可避免

三个月实现切换，非常高效，但也并非一帆风顺。微博保持着开放灵活、高效敏捷的多元化业务单元，不同的业务团队有不同的管理逻辑，过去多个业务团队的沟通协作工具并没有统一，有的独立使用钉钉，有的使用自研 App，还有的使用其他工具。在统一切换到钉钉之前，总部和各业务团队沟通协作经常需要切换不同工具，员工体验较差，不利于统一管理。

在总部全面切换到钉钉的前提下，如何既能尽量保留原有业务团队的管理灵活性，又能切实提升全公司的协同效率，是个非常重要的课题。

针对这个问题，微博采取“总—分”的思路，使用钉钉上下级管理组织方案，在充分保留原有各业务团队钉钉组织的前提下，将不同的业务团队统一纳入组织架构下，构建了统一的内外协同沟通平台。总部按需精准授权不同业务团队负责人管理子组织，这样既能统一收口管理又能满足各团队自主管理的诉求。

从总体上看，此次切换是高效和顺利的，但过程中仍然经历了一些阵痛，王巍认为这是不可避免的。与传统行业相比，互联网公司可能在数字化转型方面有更多的经验和更高的敏锐度，但也同样面临着挑战，比如改变协作文化和工作习惯会遇到阻力，很多员工不适应，再比如将公司内大量自研业务系统整合到钉钉，要投入非常多的资源才能完成，这些都是过程中的阵痛。总的来说，对所有公司来讲，这都是一项重要的挑战，需要认真思考和努力实践。

成为钉钉 AI 应用大户

在微博看来，钉钉是办公场景中 AI 能力落地较快的公司。切换至钉钉平台后，微博绝对是钉钉 AI 的应用大户。

“我们是钉钉‘魔法棒’的首批用户，其开通之后我们的人力、运营等团队就利用‘魔法棒’辅助生成各类通知和文案，然后人工润色调整，大幅提升了文案类工作的效率。”王巍介绍。

自切换到钉钉平台以来，微博在钉钉上集成了新闻发布系统、数据门户系统、销售系统、产品投放系统、指令系统等 50 多个业务系统，另外还有 100 多个机器人。

同时，微博将业务系统与钉钉机器人打通，并借助钉钉 IM 的高效触达能力为各个业务系统的业务处理提供有力支持。员工可通过钉钉机器人快速发布指令到业务系统，再由系统实时反馈给员工，业务处理效率得到了极大的提升。

而当 IT 团队需要将系统报障信息及时通知到值班人员和值班群时，钉钉机器人则能够通过 Ding 等功能，第一时间通知到负责人员，从而提升问题解决效率，并在系统故障解决后自动同步系统情况到钉钉群中，实现问题处理的闭环。

事实上，微博的员工在使用钉钉机器人上一直在创新，公司的 WeiBot 机器人把“通义千问”的能力集成上来，现在每个员工都拥有了一个随时随地可用的办公小秘书。这个全方位的人工智能助手，可以 24 小时为员工解答各种问题，让员工真正体验到 AI 能力带来的便捷和高效。

公司的视频机器人同样很受欢迎。不但员工可以通过向机器人发送消息指令直接修复视频，机器人也可以实时反馈修复结果，大幅缩短了业务处理链路。

此外，通过钉钉低代码宜搭，微博还新开通了一项功能，满足了员工快速搭建问卷、投票、考试等类型系统的需求，目前使用很活跃。

结合“新浪微博 × 钉钉——工作方法创新大赛”，各类角色都在深入挖掘钉钉与业务结合的落脚点。

To B 四要素通过 AI 完美结合

王巍记得，公司当时决定采用钉钉的时候，恰好是阿里发布“通义千问”大模型的时候，钉钉是第一个接入“通义千问”大模型的办公产品，并宣布用大模型重做一遍钉钉。

王巍觉得这是一个非常好、非常正确的方式。因为在他看来，无论是微软的 Copilot，还是钉钉的魔法棒，企业办公其实是 AI 落地一个很重要的方向。

“非常感谢钉钉把 AI 的这些功能开放给了我们，而不仅仅是内部使用。这些技术很明显能够落在 To B 的解决方案上。”王巍说。

很受微博员工欢迎的钉钉“闪记”无疑是一款成功的 AI 产品。“‘闪记’我用了。我们开会时，我给开会的员工说，这个会议纪要可以用钉钉‘闪记’呀，你在旁边把钉钉打开，我们讨论的一些东西自动就有会议总结。不但有总结，还有待办。开完会后‘闪记’会自动总结，然后会发相应的待办通知、待办时间点，特别快。”王巍对此深有感触。

在王巍眼中，任何 To B 系统的四要素，都是表单设计器、流程设计器、消息传递器以及数据分析 BI，钉钉通过 AI 可以把四者完美结合起来。

“AI 来了以后，会颠覆各行各业。钉钉拥抱 AI，这种勇气特别值得赞赏。”王巍说。

总体上看，微博自切换至钉钉以来，建立了以企业为核心的高效业务协作网，形成了移动化、实时在线、立体网状、灵活安全的新一代产业互联协作模式，既培养了具有微博特色的组织人员管理能力，又解决了多元化业务管理问题，为企业的发展提供了坚实的基础。

未来，微博团队希望可以与钉钉继续深入合作，共同探索和开发适合自身的定制化解决方案，以进一步提升工作效率，并在各自优势方面互惠互利。

与此同时，微博也将依托钉钉底座，继续深化公司内部协作机制，探索更加智能化的协作方式，持续为微博多元化业务赋能，为员工提供更好的工作体验，为业务巨轮的转动提供加速燃料。

百丽时尚：数字化的本质是资源管理

企业简介

百丽时尚集团（以下简称“百丽时尚”）是中国一家大型时尚鞋服集团，现拥有 19 个多元布局的自有品牌及合作品牌，覆盖女士、男士和儿童的鞋履、服饰和配饰，在中国300余个城市拥有自营门店超8000家。

2017年，百丽时尚启动全面数字化战略转型，基于强大的零售网络和敏捷的供应链能力，以大数据赋能产业链，进行线上线下全渠道拓展融合。

2020年，百丽时尚与钉钉启动战略合作，以“补货协同在线”起步，开启数字化创新探索。经过最近几年的不断探索与实践，百丽时尚在钉钉平台上实现了全数字化的资源管理，助力自身在市场竞争中赢得长期优势。

行业痛点

对于零售行业而言，数字化的关键动力是为消费者带来更好的体验和更高的价值，而如何有效运用数字要素推动研发、生产、零售等全价值链上各环节的效率提升也是题中应有之义。

以零售业务里的一个典型场景为例，每到月底结账的时候，账和账之间要做到相符，单据出现对不上的情况对于很多企业来说是一个典型痛点。另外，在快速补货、营促销、开店等场景中如何优化管理提升效率，也都是痛点。

百丽时尚在零售业务数字化过程中，为了解决这些痛点，选择了从易到难，利用钉钉做创新性探索，先从补货场景切入，因为补货相对高频又相对简单。之后又分阶段来解决营促销、开店、单据流等问题。

深圳百丽大厦11楼，9块巨大的液晶屏以九宫格的形式排列在侧墙上，屏幕上的数字图表在实时闪动变化，图表里的每一个数字都是实时的、在线的、可点击的，背后连接着百丽时尚全国 8000 多家门店的运营数据。

大屏只是一种形式，关键是打开手机中的钉钉（百丽时尚专属版），这一切同样一目了然。

百丽时尚数万名员工，在各自的钉钉中，根据职责和职位，均被赋予了相应的权限，并据此展开工作协同。

百丽时尚的信息化建设启动较早，从 2013 年已经开始尝试 IT 及信息化，有了相关的团队和技术积累。2017 年，公司正式启动全面数字化战略转型，提出“以客户为中心、以数字化为驱动”，经过 6 年时间，升级了从研发到零售的全价值链。

试用钉钉群发现协同价值

“数字化的核心是什么？第一个就是你有账目吗，你的实物跟账目要相符。这就是第一件事。”在谈到百丽时尚的数字化工作时，百丽时尚集团科技中心总经理季燕利说。

在具体落地上，百丽时尚对 IT 的定位就是资源管理平台——这个屋子里到底有多少东西，有多少资产，都由谁来管。

为了搭建一个与公司匹配的资源管理平台，百丽时尚在钉钉上找到了答案。

百丽时尚与钉钉结缘于 2019 年。当年 1 月 11 日，在杭州举办的全球品牌新零售峰会揭幕，阿里巴巴正式发布“A100 计划”，帮助合作伙伴实现数字化转型。包括百丽时尚在内的 2000 多个品牌和商家参与了此次峰会。正是在这里，百丽时尚遇到了钉钉。

对钉钉的考察，从试用打卡开始。不过让百丽时尚眼前一亮的，反倒是钉钉的聊天群功能，因为群内可以做协同。

当时钉钉有一个 Excel 在线编辑功能。百丽时尚就把分布在全国 80 多个城市的 300 多人拉在一起，建了一个钉钉群，通过在线编辑 Excel 来做信息汇总。

比如店铺有多少设备、多少 POS（销售终端）等，以前做这项统计工作都是发邮件，需要两三天时间。使用钉钉群里的在线编辑功能后，两三个小时就能完成。参与者都感受到了钉钉群内协同的价值。

2019 年 10 月，百丽时尚的 IT 团队根据这套逻辑，设计了管理在线系统。其中的逻辑第一是打卡，第二是组织，第三是权限，第四是沟通。这四个联动叫管理在线，后来升级为协同在线。

接下来的首要工作是通过钉钉群的沟通在线，解决百丽时尚业务上的一些问题。

这是百丽时尚的资源管理平台和传统 IT 系统最大的区别。传统 IT 只注重功能建设，信息是断点式的，信息传递也通常是单向的，缺少信息的及时反馈回路，信息链条没有形成闭环，加上业务逻辑不统一，产生的数据跨业务应用存在问题。业务整体发展对数据分析与应用提出了复杂多变的要求，数据调用效率低、对海量数据无法实现高效处理的痛点凸显，成为很多公司数字化转型的瓶颈。

一个群解决补货难题

百丽时尚的货品业务逻辑是订货、补货、迭代，这三者都跟供应链有关系，如果供应链反应速度快，一双鞋从补货下订单，到进入店里基本上需要20天，这正是百丽时尚的特长。所以补货是一个非常重要的场景。

补货是百丽时尚货品运营中重要的、高频的“变量式”操作，也是以鞋服为代表的时尚零售行业一个高频且烦琐的业务场景，基本很难在一个系统内解决，甚至需要多端登录和跳转。因为补货跨越生产和流通领域，涉及总部品牌、各大地区品牌、总部/地区/城市货品多达数百个业务组织和岗位，整个业务链路长，过程中工作人员还需要使用相关的系统、表格、电话、微信/钉钉、OA、邮件、会议等多种工具方法，使整个过程难以快速全局掌握，一直很难提效。

补货这一高频的基础业务场景，成了协同难的一个缩影。如何将补货协同难的问题交给数字化去解决？在线是关键。所以，百丽时尚将“补货协同在线”作为“协同在线”数字化创新的初探索。

另一方面，补货这个场景很有节奏，每周都要发生，所以也很适合去做试验。

此前，补货系统都是周一开放，负责人发邮件通知大家，大家进入补货系统去操作，补完以后把订单拿出来，用邮件的形式请地区领导审批，地区领导审批后，再以邮件的形式给总部，总部再汇总到总部领导那里审批，最后这个订单再给到工厂。

大家都反馈说这个补货系统不够好用，因为操作麻烦、效率低。

2020 年，百丽时尚与钉钉启动战略合作，在钉钉平台群能力的基础上共建了补货工作群，探索性地使用工作群的模式突破了系统与部门的边界限制。

百丽时尚把全国所有参与补货的人全部拉到这个补货工作群里。最初的时候，群只是用来发通知，补货的操作还需要回到原来的补货系统里，等于用钉钉群替代了邮件。对于这个过程，大家反响非常好，沟通起来比以前顺畅多了，也快多了。

到 2021 年初，百丽时尚实现了补货操作也在群里完成，需补货时相关人员直接在群里发消息，直接在群卡片上操作补货应用，操作完了以后，相关负责人直接审批。实现了消息、操作和审批在一个群内完成，过程十分顺畅。

后来，补货跟踪数据也放了进去，包括发货数量、货品在店铺售卖情况的数据，这个版本在 2021 年 11 月全部跑通。

协同在线是未来组织发展的核心竞争力

2022 年 3 月，钉钉宣布开放战略，并推出开创性的 To B 应用形态“酷应用”，让用户可以在钉钉群聊场景中，直接以卡片形式调用应用，无须跳转和安装，这是钉钉首次将关键高频场景——群聊向客户和生态开放，让“以事为中心”的协同真正落到产品上。

在创建补货工作群之后，百丽时尚与钉钉又创建联合实验室，通过集成化系统操作与钉钉 IM 功能相结合的方式，基于钉钉开发的底层能力（建群和群管理能力、信息共享能力、群内办公协同能力），用信息将群里各个岗位人员的业务操作、审批、数据串联起来，实现消息在群、操作在群、审批在群、数据在群的一体化作业，由过去的人找系统、人找功能、人找数据的旧工作模式，转变到系统找人、功能找人、数据找人的新工作模式。补货协同探索显著提升了组织协同效率，生动呈现了“协同在线”从概念探索到落地实践的全过程。

百丽时尚的探索并未就此止步。实现补货在线协同仅仅是规划的第一阶段，第二阶段瞄准的是营促销场景。

营促销工作从跟商场谈判到设置产品，确定哪些产品参加，过程的确很复杂。沟通也是，稍微不到位，活动中很快就会出问题。营促销是高频场景，涉及岗位多，活动规则也复杂，有时还有叠加的情况，同一个店可能有三四个活动。最终，钉钉的 IM 把这个痛点也解决了。

第三阶段解决的是开关店问题。开关店涉及的问题是部门多，有渠道部、零售部、人事部、货品部等等。比如，开店涉及谈判、选址、系统渠道、中间工程系统，还有门店设计、人员招聘、货品备货等。当时百丽时尚内部涉及开关店的系统和工具有接近 20 个。

百丽时尚基于钉钉群内协同的开关店流程 2022 年底开始设

计，2023 年上半年在西北开店时试用，当年 8 月已经跑通，然后开始全国推广。

之后，百丽时尚的零售业务数字化跨入第四阶段，就是解决单据流问题。

“传统做法是：送货的时候打印单据，货和单据一起送到，单据一式两份，接收人在单据上签字，再录入系统，将其中一张单据留底，另一张由送货人带回备存。现在我们全部用钉钉 IM 解决了。相关人员直接在手机上用 IM 操作，发货时点发货，货到了在手机上确认。过程全透明，有问题立马显现。”百丽时尚科技中心工作人员说。

从补货到营促销，再到开关店和单据流，百丽时尚的零售业务数字化选择了一条从易到难的路径。

数字化需要贴近业务、赋能业务、解决问题，一个问题解决了就想解决下一个问题，这是百丽时尚的数字化经验。而在解决业务问题的过程中，百丽时尚选择了协同在线的方式。协同的核心价值体现在共享和共识，共享什么资源及共识多少认知，最终体现在效率上。资源共享程度和共识的广度、深度、精度，直接决定了组织系统的整体效率。这是组织从局部优势上升到系统优势的根本改变。

企业的发展是一个漫长的组织进化过程，协同在线是大规模企业防止机构臃肿、促进文化转变、拥抱共享并加速共识、促进业务繁荣、构建核心竞争力的一个解题思路。

佳沃集团：数智化时代的农食产业革新

企业简介

佳沃集团有限公司（简称“佳沃集团”）创立于2012年，是联想控股旗下的现代农业和食品产业集团。秉承“坚挺良币、产业报国”的初心，佳沃集团在水果、优质蛋白、高营养4R预制食品、智慧团餐、智能科技、营养科技等多个领域建立了领先的全球化产业平台，成为中国新一代农业食品产业化的先锋代表和知名品牌，位列中国农业企业500强第52名。

佳沃集团始终坚持以数智化带动产业链升级和地方经济发展，致力于改造“端到端”的水果产业链，引领数实融合高质量发展。佳沃集团在中国成功进军超级水果品类——蓝莓，在云南建设了全球领先的蓝莓产业，为云南成功打造全新的产业名片。今天，佳沃蓝莓已经成为市场上水果产品的品质代表。

2021年下半年，佳沃集团开启与钉钉的合作，双方共建以知识管理为内核的数智化生态，以开放的态度打破数字鸿沟，搭建全链条数智化平台，为农食企业数智化转型和产业高质量发展打出样板。

行业痛点

在农业领域，尤其是在传统的农业生产中，存在着一系列制约行业发展的痛点，从农业的生产规律来看有如下几点。

首先，农业生产的周期通常较长。作物的整个生产周期中存在着各种不确定性，而且很多作物都是一年一季，这也使得农业的产业经验积累的速度受制于作物周期。

其次，农业生产的标准化程度较低。由于不同地区的气候、土壤和管理方式不同，即便是相同品种的农产品，其品质和口感也可能存在较大差异，这直接制约了品牌的塑造和推广。

再次，农业生产的弱质性是一个普遍存在的挑战。天气、病虫害等自然因素容易对农产品的产量和质量造成影响，而传统的管理手段相对滞后，很难做到科学精准的防控。

农业天然的特殊性也对产业经验传承、从业人员培养、先进技术引进提出了独特的挑战。

经验在田间地头：农业经验传承主要集中在田间地头，这种口耳相传的方式容易造成信息的局限和流失。老一辈农业从业者积累了丰富的实践经验，但这些宝贵的经验难以在更大范围内传承和应用。

人才吸引力不足：农业人才的成长周期长、工作地点偏远、劳动辛苦、收益不稳定，农业对年轻人的吸引力不足，同时行业原生的人才基础薄弱，因此短期现象是人才匮乏，而长期来看，则存在生产力和创新水平提升困难的问题。

产业链协同受限：受制于农业的天然特殊性和行业的人员结构，先进技术在农业中的应用相对滞后，产业链中存在大量信息断点，不同环节的数据难以流通和分享，这使得整个产业链的协同和优化受到限制。

这些痛点都是佳沃集团不得不面对的产业难题。从创业开始，佳沃集团一直在大力推进数字化转型，因为从一开始，佳沃集团就意识到，农业的数智化革命是一次系统性全局性的产业革命，将带来农业管理能力的全方位跨越式提升。然而，在转型的过程中，佳沃集团也发现，数智化转型的困难不仅在于专业领域的技术方案，更难的是如何打破传统的熟人经济模式，实现各环节“连接”，从离散农事作业的连接到组织信息孤岛的连接，再到产业链端到端的连接，最重要的是人和基于数实融合的新型业务的连接。对于企业的长期发展而言，只有人的数智化思维转变，才能推动企业持续进化，推动业务持续创新发展。

与钉钉合作后，佳沃集团与钉钉共创，打造了具备农食行业特色的进化型组织数智化生态，基于钉钉的底座能力和平台低代码工具，通过数实融合的场景化建设，加速了组织内部信息、数据、知识、经验的流动，重建了数字技术、业务场景和人的新连接，实现了知识共享、能力共享、成长共享、文化共享的进化型组织数智化转型。

在各大商超、水果批发市场，几乎都能见到“佳沃蓝莓”的身影。果径大、口感甜，它已成为都市白领常备的水果零食，也是妈妈们为孩子挑选健康水果的热门选择。

2012 年成立之初，佳沃集团就确定做蓝莓这一高端品类，并以蓝莓为起点进行果业数智化改造。2021 年底，佳沃集团已经完成了水果产业全产业链布局和端到端数智化改造。

在这 10 年间，佳沃集团的业务实现了全球化、全产业链布局，通过信息化完成了前端的应用场景改造，业务范围覆盖从中国到海外的 9 个地区、12 个组织，直属员工人数突破 1000 人，关联组织员工突破 4000 人。然而随着业务规模持续扩大，人员层次多元化，从专业层面的行业经验传承、数据层面的信息系统数据价值挖掘，到组织内部的文化共识、敏捷协同、人员赋能，成了组织进一步发展必须突破的瓶颈，组织数智化转型势在必行。

佳沃集团意识到，只有形成深入人心的开放思维和数智化心智，才能持续推动企业创新，这个转型不是一朝一夕可以完成的，需要潜移默化，不是工具应用普及，而是全员协同方式变革，必须有与之匹配的持续性生态才能成功。因此，建设企业的数智化生态，以“开放”的思维打造企业的数字家园新基建成了佳沃集团的首要目标。佳沃集团遍寻市面上众多数字化平台，最终决定与钉钉合作。

借助钉钉开放的底座能力，佳沃集团搭建了全生态组织数智化应用模型，六大场景应用全部集成在钉钉平台上，包括组织在线、协同在线、敏捷创新、知识管理、开放文化和数据应用，有了这个基于组织协同的全生态模型，所有的业务系统集成接入也成了水到渠成的事情。

数字“人场”有“人气”

“信息系统解决前端应用场景的问题，基于协同平台的数智化生态，解决的是企业转型的最后一公里问题。”佳沃集团高级副总裁、首席知识官万小骥说，“信息系统推动了业务的数字化，而数智化生态的价值是实现了人和数字技术的全面连接，在数智化生态里，有了人场、有了人气，数据应用就有了场景，数智赋能于人，才真正有了驱动创新的可能。”

从担任首席知识官以来，万小骥一直在思考，给员工提供一个什么样的数字化平台可以激发他们的潜能，创造企业价值。她的答案是，创建以人为核心的数智化生态，为员工打造一个数字孪生办公室，让员工们在数字世界的办公室里可以更便利、更快捷地工作，心情也更愉悦。

佳沃集团对数智化生态的设计始终着眼于创造能够自然连接人的场景。通过和钉钉的共创，佳沃集团将“无边界 + 进化型”数智化生态打造成六边形协同平台，包括组织在线、协同在线、敏捷创新、知识管理、开放文化和数据应用，覆盖组织数字孪生办公室的核心场景。

组织在线：实现了集团型多元组织的管理融合，既可支持集团级关联组织战略文化的统一，又可实现多形态子公司的完全独立。

协同在线：打破了组织的地域边界、组织边界，实现了跨组织的在线协同，让员工随时随地参与共创。

敏捷创新：打造需求原型的试验场，以低代码的形式，快速实现信息、系统、数据、经验和“人”的连接和应用。

知识管理：建立基于协同平台的知识全生命周期管理模型，

涵盖从知识整理到让知识流动的各环节。

开放文化：建设全员庆祝成长主阵地和集团分享学习进化主平台，让“开放”思维深入人心。

数据应用：搭建企业“观数台”，涵盖组织行为数据、运营管理数据、流程效能数据，实现从人找数据到数据找人。

“数智化生态解决‘根’的问题，核心是寻找连接人的场景，在很长一段时间里，我们所有的重点都在潜移默化地影响员工的行为习惯。”万小骥说，“在佳沃集团，钉钉是每一位员工的数字办公室：每天早上的打卡、专属的开屏设计，以及线上线下同步的文化传播让大家感受到组织在钉钉上；日常沟通，所有人都在钉钉上；共创协同，会议、文档、脑图、待办、工具包都在钉钉上；打开‘沃·成长家园’全员圈，最新的组织动态在钉钉上；需要业务素材、专业知识，可以查询‘沃·业务’‘沃·视野’知识库；请求跨部门的服务，共享服务中心、智能助理都在钉钉上；想进入任何一个专业系统，通过工作台一键直达；点击‘观数台’，业务、财务、组织数据实时可见；在线下每个员工只有一个工位，在线上他拥有无数的‘主题群办公室’，员工在这些‘主题群办公室’里共创的知识成果随处可见，这些都在钉钉上。”

解决企业转型的最后一公里问题，意味着通过数智化手段将数字化的成果真正融入到企业的文化和运营中。从 2021 年开始用钉钉起，佳沃集团未强制过大家使用，但两年过去，公司所有人都在用钉钉。佳沃集团把整个智能办公生态都搬到了钉钉上，把组织内部的信息、数据、知识、经验和每一个人重新建立连接。当数智化生态能满足员工对数字协同的全场景需求时，数智化转型的基因就已经开始自我生长。

知识管理无处不在

在佳沃集团，数智化生态建设的实现路径是数字场景和人的连接，而它的底层逻辑是知识管理。知识管理的核心是关注企业内部的信息、数据、知识、经验的流动效率，无处不在的知识流动正是佳沃集团打造场景的出发点。

在农食行业内部，大量的信息、数据、知识、经验本身是非标的、离散的，是沉淀在员工身上的，这也是组织最重要的隐性资产。因此我们更关注通过数智化技术重建人和知识的连接，在最大范围内推动隐性资产显性化，让经验可分享，让知识可传承。

在知识管理的实践中，佳沃集团也曾面临做“知识整理”还是“知识管理”的选择，前者更关注专业分类积累整合，后者更关注组织内部整体的知识流动。佳沃集团意识到对于企业而言，只有把知识管理作为一项全员数智化时代的基础能力建设，才能真正让隐性资产被盘活，让知识从沉没成本变成流动性资产。

在此基础之上，佳沃集团围绕着“组织–部门–个人”的知识管理场景和协同平台的基础功能，建立“基于协同平台的数智化知识管理模型”，通过协同平台知识的生产、积累和传播应用，打通了知识在组织内部的全生命周期管理。

同时，知识与数智化中心每 6 个月会动态评估一次组织的知识资产管理能力，该中心以员工在钉钉上的知识行为数据为基础，建立了涵盖文件数量、治理结构、使用习惯、在线协作和知识输出等 5 个维度的知识资产管理能力评估模型。通过量化分析和雷达图对比，持续跟踪各部门在知识管理能力方面的变化，并提出改善意见，驱动部门自主的知识管理能力提升。

“我们注定是要用知识串联的。”佳沃集团高级副总裁、首席知识官万小骥说，“农食行业的一大痛点是很多知识和经验没有统一标准，民间智慧全在地里，在农民那里，如何能让这种分散的非标准化的知识和经验传承下来，持续应用迭代？”在万小骥看来，知识管理的价值就是能够让这些田间地头的宝贵经验和知识随处可见，可以随时拿出来学习，大家可以互相交流碰撞，这些内容应该是鲜活的、流动的。

2021 年下半年，佳沃集团和钉钉开启了合作。依托钉钉文档和钉钉云盘等产品，佳沃集团搭建起了内部的知识共享平台，进行结构化的建设，全员可以在此沉淀经验、分享知识。

蓝莓苗木如何补植、如何浇水施肥、如何修剪等等有关蓝莓生长周期的知识内容和海量经验以数字资产的形式存放在钉钉知识库中。所有的基地主管和一线员工可以随时查看钉钉知识库，快速获取专业知识和实践经验，也可以把最新的技术应用分享在知识库里，让知识可以持续迭代。

这大大缩短了新农人成长的时间，据内部统计，佳沃集团新员工培训成本因此降低了不止50%。“一方面，我们希望在这个产业中的人能分享经验；另一方面，也希望不断有新生力量进来，能够参与到整个产业的建设中，提升产业水平。”万小骥说。

搭建两年来，佳沃集团的企业知识库涵盖了从行业到公司再到部门的多层级知识内容，已经形成近40万个在线知识文档，其中结构化文件超过4万个。这些知识库的建设都是由各个部门主动完成的，结构化知识库的建设对于组织来说，最大的价值就是让员工形成了基于知识协同创新的基本盘。

佳沃集团基于协同平台的知识管理思路，结合钉钉的知识库专业应用和多场景协同功能，让便捷的知识应用成为可能，让传统经验显性化为可复制可学习的知识，让每一个人可以因为知识的输出被看见，在不断提升全员知识管理能力的基础上，把企业的知识资产最大限度保存下来，使经验型知识可以持续地流动、应用、迭代，加速对人的“赋能”，真正解决了行业非标难题。

只有开放才有一切可能

“不会泄密吗？”佳沃集团搭建企业知识库后，万小骥听到最多的问题就是这个。

她认为，很多人内心都树立了一道边界墙，这和多年的教育思维、工作习惯有关，这些东西把大家包裹得严严实实。

“这层心理边界需要突破，只有思想发生了变化，人是开放的，才会有一切可能。”万小骥觉得，如果这个底层问题没有解决，任何技术都进不来。

她很认同2023年8月钉钉总裁叶军在钉钉生态大会上说的一句话——“开放是一种信仰”。她始终相信只有拥有开放的心态才能接纳新事物，才能拥抱不断更迭的市场环境。

“只要不是需要保密的核心内容，都可以放出来。我们不应该关注如何封存，而应该关注以什么样的形态流转会更有益。”万小骥想做的是，在最大安全范围内促进业务成果、组织经验和公共数据的流动。目前，佳沃集团知识管理的信息数据已对员工最大限度地透明化。

与此同时，佳沃集团通过钉钉搭建内部论坛“全员圈”，员工可以把知识库中的内容通过“全员圈”分享给所有人，可以输出工作成果和感想，每个人都有机会在“全员圈”建立自己的“知识影响力”。“全员圈”累计浏览量达数十万，超六成员工在此进行了输出。

“全员圈”也激起了董事长陈绍鹏的分享欲。2022年他去智利出差16天，每天都在“全员圈”分享动态，包括和中国驻智利大使及企业家会面的场景，让所有员工参与了董事长行程，一起云旅游。

数实融合赋能蓝莓新农业

“从源头到餐桌是一个完整的产业链，涉及的环节和技术非常多，链条也非常长。”万小骥介绍，佳沃集团投身农食行业，从一开始就意识到自己面临的不是企业的问题，而是产业的难题。农业的数智化转型，必须打通产业链的断点，实现端到端的数据连接，只有这样才可能成功。

十余年来，从种植端到加工端，再由冷链仓配到销售端，佳沃集团打造了一个“端到端”的全链条数智化闭环。架设在田间的物联网设备采集数据，再将数据传送至佳沃智慧种植中心，工作人员根据终端数据分析，匹配不同阶段蓝莓植株生长需求，精准控制每一道光、每一份营养、每一次灌溉。同时，植保机器人按照设定的病虫害防治方案智能施药，护航绿色农业可持续发展。

产季来临时，验收后录入的采收数据自动汇总并上传云端，确保每一盒蓝莓可追溯。采摘下来的蓝莓则以最短时间送达工厂，进入智能分选、冷链系统，全过程可通过手机进行远程实时可视化监控，保证蓝莓始终处于恒温洁净环境。

佳沃集团自主研发出水果品种培育管理、种植作业管理、采收现场管理、分选加工管理等综合性 SaaS 系统，对农业生产上游进行精细化智能管理。同时，通过数字化冷链物流监控及智能仓储管理下游，让采摘下来的新鲜蓝莓实现 48 小时从果园直达全国 82 个城市 5000 多家超市门店的货架。

致力于水果产业标准化建设，通过 SaaS、ERP、钉钉、机器人等技术的集成协同，兼容国际数据标准，佳沃集团打造了全数字化现代农场管理系统。

钉钉的引入为佳沃集团的果业端到端数智化转型打通了最后一公里，实现了产业链所有信息系统数据的连通，这一改变让从“人找数”到“数找人”成为可能，以数据决策为核心的专项群可以自动实现数据推送和待办跟踪，聚焦现场作业智能管理，以产销预警结合动态监控的方式，深度洞察市场趋势，使生产计划和销售策略的制定更加精准高效，实现数据驱动下的智慧商业决策。

截至 2022 年底，佳沃集团通过蓝莓种植技术推广带动种植 20 万亩，促进云南当地农民近 20 万人就地就业。与此同时，佳沃集团“数实融合”的果业端到端数智化模式还落地到了海口的凤梨产业、漳州的蜜柚产业，助力当地打造农食数智产业名片。

钉钉是佳沃数智化转型的“链接力”

“钉钉是一个值得与之共创的团队。”万小骥很佩服钉钉一直保持着对产品本身最原始的热爱，并且还能倾听用户的声音。

智能办公时代，数字技术、业务场景和人的联合未来有无限可能，但是“链接力”不可取代，钉钉的基础能力、PaaS 能力、AI 能力为佳沃集团的数智化转型提供了扎实的技术支持和与时俱进的底层能力，为产业链端到端的连接、组织内部信息孤岛的连接、人和“数字世界”的连接提供了持续进化的基础。

如今，国家出台各项政策指引和鼓励农业数智化发展，农业数智化进入快速发展时期，佳沃集团也将充分发挥农业资源禀赋和科技、人才、管理等先进要素集聚优势，积极推进“数实融合”步伐，联合钉钉为产业提供最佳实践方案服务，推动农食产业全链与数智化创新链的深度耦合，为行业注入先进生产力，为消费者提供更加优质的产品和服务。

餐饮连锁：数字化变革成为胜负手

企业简介

木屋烧烤，2003年创立于深圳，是正君餐饮管理顾问有限公司旗下品牌，主营中式烧烤。木屋烧烤所有门店均为直营业务，全国直营门店已超过350家，拥有员工7000余人。店面覆盖北、上、广、深等18座一线及“新一线”城市，发展至今已成为知名烧烤连锁品牌。

徐记海鲜，湖南徐记酒店管理有限公司旗下品牌，创立于1999年，创始人是徐国华。徐记海鲜是以经营特色海鲜为主，涵盖经典湘菜、粤菜的中高档酒楼。截至2024年初，在长沙、西安、株洲、武汉、上海、深圳等地直营连锁餐厅约60家，单店员工均达百人。

蛙来哒，是一家牛蛙主题餐厅，长沙味之翼湘餐饮有限公司旗下品牌，创立于2009年，创始人是罗浩、罗清兄妹。截至2023年，蛙来哒覆盖全国100多个城市，拥有400余家门店，涵盖北、上、广、深一线市场，也涉及三、四线下沉市场。

行业痛点

连锁餐饮的痛点是如何高效管理分布在全国的大量门店，具体又会涉及以下问题。

第一个是单个门店自身的运营管理问题，包括人、财、物、事等方面，具体体现在菜品安全、人员排班、业务系统数据孤岛等方面的痛点上。对于餐饮行业而言，食品安全是底线。对菜品品质进行检查时，过去检查结果只能通过纸质的方式搜集记录，不仅耗费纸张，而且信息反馈过程缓慢。

有的餐饮企业虽然早就开始用软件系统辅助，但自建的多个业务系统之间彼此独立，缺乏业务流程和数据的耦合性与关联性，存在数据烟囱、数据孤岛等问题。

第二个是新门店的扩张问题，很多连锁餐饮企业在门店拓店过程中，各部门间的沟通协作多而繁杂，存在协同效率低、信息不对称等问题。因此，如何保证门店快速有条理地扩张复制也是餐饮行业在数字化过程中首先要解决的问题。

在中国，餐饮被认为是“地狱级难度”的行业。

如果你去问一位餐饮业老板（不管他经营的是“苍蝇小馆”还是连锁巨头）：做餐饮都有哪些难点、痛点？相信你会听到一大堆吐槽：选址困难、开店流程烦琐、人力成本不断上升、工作流程效率低下、员工素质有待提升、食材采购与库存管理困难、产品同质化严重、价格战频繁等等。

甚至有人说，中国的餐饮老板们堪比到西天取经的唐僧，要经历“九九八十一难”。

如何应对这些困难、解决这些痛点？投身数字化变革，已成为餐饮行业的共识。

过去几年，木屋烧烤、徐记海鲜、蛙来哒这些知名餐饮连锁企业找到了方向，做出了同样的选择——上钉钉。

在餐饮数字化领域，钉钉已形成一套从生产基地到餐桌的成熟解决方案。从餐饮供应链到餐饮零售，从前端业务部门到中台组织部门，从公司内部管理到客户交互层面，钉钉的数字化渗透到餐饮的每个环节。

木屋烧烤打通数据孤岛

作为全国性直营烧烤连锁品牌，木屋烧烤旗下拥有 350 多家门店，遍布北、上、广、深等 18 座城市，拥有超过 7000 名员工。

木屋烧烤 CTO 韩陆峰投身数字化的紧迫感，是在 2020 年产生的。在他看来，如果企业管理依赖人本身，就很容易出问题，必须建立规则，而规则的落地则要靠一整套系统。

“2020 年上半年一个新店都没开，当时发放的月工资都是几千万元级别。虽然当时因为疫情防控的需要不让堂食、不让营业，但工资不能不发。我们所有员工在店里天天打扫，希望疫情过去早日开业。”要知道，他们在 2019 年新开了四五十家店，全国店铺接近 200 家。

但 2020 年因为疫情来袭，降成本、活下来，成为压在大家心头的一座大山。

这让韩陆峰重新审视此前的 IT 系统建设。他称之为“烟囱式系统”，“需要一个做一个，每个‘烟囱’相互独立，数据不通，宛如数据孤岛”。

每个系统都需要专人维护，后续调用数据也不方便，直接拉高了运维成本，也拉低了工作效率。

作为一家20年餐饮品牌的经营者，韩陆峰很清楚数字化对品牌的助力。

开到50家店时，需要根据点单量预测进货量，点单和收银数据要从依赖Excel表格变成使用线上系统；开到100家店时出现跨区域管理，沟通成本和组织成本高，呼唤更精细的人事管理系统；开到200家店时需要批量培养人才，对人才考核管理系统有更高的需求。

于是，韩陆峰带领团队接连开发了十几套系统，本想轻装上阵，但随着门店数量的增加，这些各自为战的系统又像无头绪的织网般捆住了品牌。这一次，是时候下决断了。

木屋烧烤选择了钉钉，需求很明确，目标瞄准降本提效：第一要起到连接作用，第二要做轻应用。

说干就干，2020年起，木屋烧烤将20多个自建或定制的业务系统集成到钉钉上，并借助低代码这种低成本、高效率的开发方式，将进销存等系统在钉钉上二次深度开发，让核心业务流程、数据在钉钉上流动起来，钉钉也正式成为木屋烧烤的统一办公入口。

原来数据孤岛的局面被彻底打破，日常审批效率提升，时效从2天降到20分钟内，大大降低了跨部门沟通成本。

在轻应用开发上，韩陆峰的思路是这样的：供应链、人事、财务等公司赖以生存的大型系统是需要单独开发的，其他零散、含金量不高、变化快的需求，不需要花钱花精力单独开发成系统。

对于后者，第一是开发时间长，第二是可能开发完需求就变了，第三是大家还要适应新系统，学习成本高。所以这块儿目前交给钉钉来做轻应用，即时响应。

最典型的轻应用案例莫过于一线门店管理系统，直戳餐饮品牌最看重的菜品安全检查等巡店痛点，代替过往的纸质记录，整体操作简单，更适合做轻应用。

为此，他们用钉钉搭建了数十个表单应用，将门店管理各项指标分数提升了 20%，其中每日菜品检查效率至少提升 30%，实现了“巡店流程—发现问题—整改措施—整改结果”的闭环式管理。

比如，一次巡店发现某门店的灭火器吊牌不符合安全规定，总部发现后当天让全国门店自排查，并沉淀了日后巡查标准，如定期检查和更换等。

木屋烧烤使用一线门店管理系统前，店里出问题只是事后汇报，如今可以追踪结果，闭环管理。

这也更加坚定了韩陆峰做数字化的决心。“原来，强监管和弱监管完全依赖人的自觉性和主动性，如果一家公司的管理依赖人本身，就很容易出问题，所以还要依据规则，规则落地就需要IT 系统。”

和钉钉合作后，木屋烧烤也增强了扩充数字化业务的信心。截止到 2024 年初，木屋烧烤有 350 多家店，每年信息化投入近1000 万元。“估计未来会更多。”韩陆峰透露，“未来希望给同业态的小餐饮企业提供一些帮助，给别人一些经验参考。”

徐记海鲜工作台“千人千面”

对于餐饮业数字化，徐记海鲜信息开发部部长彭江的想法非常明确——“就是要降本增效”。考察了市场上多个办公协同平台后，他最终也选择了钉钉。

“第一，要使员工用起来更容易，餐饮业员工的学历偏低，不太会用一些平台，但大家大多知道钉钉，更容易用起来。第二，钉钉的生态做得可以，提供的应用场景能给我们赋能。第三，钉钉的技术底座比较坚实，让我们对未来比较有信心。”彭江说。

面对全国 60 家百人大店，徐记海鲜用钉钉为 7000 名员工搭建了“千人千面”的工作台，行政等系统和钉钉深度融合，餐饮业务各环节精准管理。

具体来说，徐记海鲜的行政、人力、培训管理等多个业务系统与钉钉深度融合集成，让传统餐厅门店的运营模式转变为数字化运营，使餐饮业务各个环节的运营管理变得更加精准有效。

此外，协同也体现在外部。比如原来客户搜“徐记海鲜”会发现好几个小程序，不知道选哪个，如今对外收口统一，烟囱式布局也消除了。

在彭江看来，钉钉为徐记海鲜带来了三大改变。

“第一是降本，钉钉在生态上打通了各行各业的业务应用，不需要企业重复‘造轮子’；第二是运维提效，之前运营内外部那么多系统，要花很多精力和成本，现在直接走钉钉统一接口；

第三是办公提效，以前审批流程需要很长时间，现在审批人可以直接看待办名单，钉钉的提醒一步到位。”

蛙来哒拓展门店更稳更快

牛蛙主题连锁餐厅蛙来哒同样借助钉钉找到了新店筹建和加盟商管理的提效法宝。

蛙来哒覆盖全国100多个城市，拥有400余家门店，既涵盖北、上、广、深一线市场，也涉及三、四线下沉市场。在加盟门店拓店过程中，门店建设全部由总部负责，各部门间的沟通协作多而繁杂。此前只是使用Excel来整理推进项目进度，存在协同效率低、信息不对称等问题。

针对此种情况，蛙来哒通过引入钉钉项目管理工具Teambition来管理五大部门以及31个新店的项目流程节点，使新店筹建SOP（标准作业程序）与项目进度完成情况一目了然，从而打通项目团队的协同信息，大幅提升了新店筹建及复制的效率。

蛙来哒相关负责人表示：“公司2023年的规模已达到400家门店，而这依赖于加盟。加盟商负责投资，前期的门店建设全权由总部负责。过去，总部都是通过Excel表格整理推进项目进展，协同效率低、信息也不对称，导致扩店速度很受影响。”正是使用Teambition后，蛙来哒才真正以标准化的模式加快了开店速度。

从整体效果上看，蛙来哒凭借标准化运营，发展势头迅猛。2022年新增门店70家，数量较往年接近于翻了一番。

而基于低代码搭建的加盟商管理信息系统，则将地址、面积、楼层、预估营业额等核心数据搜集留存起来，随时可调用，实现了总部对门店的精细化管理。

其实，无论是数据接口的整合，还是结合餐饮痛点的轻应用开发，面对不同成长阶段的餐饮品牌，钉钉给出的数字化方案有相似的底层逻辑——用最简洁和高性价比的方式，切实提高效率。

“餐饮企业数字化没有终点”

随着餐饮业迈入数字化深水区，众多餐饮企业近年来纷纷通过“上钉”寻求数字化转型的最佳路径。

数字时代奔涌而来，推动餐饮行业数字化加速变革。餐饮业已进入数智驱动时代。

钉钉餐饮行业解决方案资深架构师韩忠意认为，尽管餐饮企业进步的路径各不相同，但回归本质，餐饮行业的竞争是管理水平和供应链的竞争，连锁与规模将构筑餐饮行业的核心竞争壁垒，而数字化程度已然成为餐饮行业规模化能否成功的关键决定性因素之一。

在餐饮数字化领域，钉钉已形成一套从生产基地到餐桌的成熟解决方案，数字化渗透到餐饮业的每个环节。

比如在餐饮业供应链的业务数字化层面，钉钉 PaaS 会提供企业个性化解决方案，深入食材加工、农产品产业园、食品加工、冷链物流、渠道分销、预制菜等一整套流程中。

在餐饮业零售数字化方面，钉钉客联会为门店运营打通各类小程序，涉及会员积分和营销等的会员服务，以及涉及就餐和收银等的就餐服务，都找到了妥善安排的方案。

同时，钉钉 PaaS 会在门店管理、采购管理、中央厨房管理等方面为连锁门店提供定制化服务。

在组织的管理数字化层面，钉钉不仅支持审批、项目等日常协同，也在企业经营、数字化安全、数字化生态、业务数字化工具等方面提供助力。

面对 AIGC 的浪潮，钉钉认为所有行业都需要通过 AIGC 重做一遍。针对餐饮行业的数字化痛点，钉钉将智能化底座开放给生态伙伴与客户，帮助餐饮行业完成“从生产基地到餐桌”的全产业场景数字化升级。目前，百强餐饮企业中超过七成都在使用钉钉。

事实上，餐饮是更新迭代非常快、应用场景非常多元的行业。“对于餐饮企业而言，数字化没有终点。”彭江说。

第九章　技术普惠的智能时代

杭州学军小学：让 AI 更有 ai（爱）

学校简介

杭州市学军小学是全国教育系统先进集体、全国文明校园，也是教育部现代教育技术实验学校。其前身是建于 1908 年的杭州府官立初等小学堂。在一个多世纪的发展中，学校几经更名，2019 年成立学军小学教育集团。学军小学目前共有四个校区，学生 5600 余人，教师 350 余人。

拥有百年历史的学军小学，也是拥抱科技与创新的现代化校园。学军小学与钉钉合作，用三年时间，打造了智慧平台“学军大脑”，以数据与 AI 服务于教学，实现校园的数字化管理。

行业痛点

在学校生活与教育工作的日常中，沟通异常重要。老师与学生之间，学校与家长之间，教务与老师之间，沟通随时都会发生。过去，很多沟通环节耗时耗力。例如，一个听课通知从发出到最后收集确认，中间可能需要经过许多层级和多次反复沟通。

而对于一个有 5600 多名学生、面对 1 万多名家长的教育集团来说，学校的运行尤其具有挑战性。在对现代教育模式的探索中，学军小学为自己配备了强大的工具——从 2019 年开始，学军小学以钉钉为底座，用钉钉低代码系统先后开发了 20 多个业务应用。教学成绩、家访活动、听评课、校园安全等全部“上钉”，以数字化为教育教学提效。

杭州市学军小学教育集团总校长张军林的助理很特别，跟校长有一样的名头，更特别的是，这个助理是虚拟的，叫作“AI 校长”。

每天，在张军林去学校的路上，“AI 校长”会以语音播报的形式向他汇报前一天四个校区的运行情况。例如，是否有安全事故，有没有需要他特别注意的事项。AI 助手还会向他实时汇报当天的情况，例如多少学生到课，多少学生请假，多少老师到岗。

张军林还记得，十年前，在一次“当教育遇到互联网”的主题论坛上，他开玩笑说，教育与前沿互联网科技的距离是一光年。

十年后，两者的距离不再遥远。张军林带领学校实践数字化办学，以钉钉为底座打造起数据中台“学军大脑”，让大数据服务于教学管理，服务于学生与家长，也为老师们减负。

“忙碌已经不能解决问题了”

张军林有二十多年的教学经验，做校长也已有十余年。2011年他在转塘小学做校长，此后曾到育才外国语学校做校长。2017年回到学军小学，担任总校长。

总校长，意味着他有四个校区要管理。四个校区的学生加起来有5600多人，老师350多人，再加上对应的家长1万多人，只看人数，便已非常庞大。而教育，尤其小学教育是个特殊行业。孩子们的学习、安全，老师们的教学，师生间的沟通，学校与家长间的沟通，复杂但又是日常工作。

张军林是个敬业的校长。过去做校长，他每天都很忙碌。而做学军小学校长之后，他发现，“忙碌已经不能解决问题了”。

四个校区，他不能分身，每天只能现身一处。各个校区的运行是怎样的，他无法实时知晓。很多数据，例如多少老师做了家访、听评课的情况进行得怎么样等，可能都要过一星期他才看到汇总，又例如，当天有多少学生请假、请假原因是什么，也要到下午才汇总到他这里。

他认为，要提高办学水平，需要提高学校日常管理的效率，降低运行成本。另外，也需要把老师们从那些重复的琐事中解放出来，让他们有更多的精力投入在教学上。

这些改变要怎么实现？张军林意识到，靠传统的方式、以前的技术手段，“已经没有办法来完成这个任务”。而他肩上的担子很重：如果校长的方向错了，老师们跟着做得越多就越辛苦，效果可能适得其反。

“这个学校里，总有人（要）仰望星空。”张军林“仰望星空”后的决定是与钉钉深度合作，利用数字技术对校园进行现代化管理。

做这个决定的前提是张军林自己对钉钉的了解。他是钉钉“老用户”，用他自己的话说，从钉钉 1.0 到 7.0，他见证了钉钉的成长。

从 2019 年开始，借助钉钉低代码宜搭平台，张军林与钉钉开始打造“学军大脑”，踏上了跨越那“一光年”的征途。

学校发生什么，“AI 校长”实时全部掌握

三年后，到 2022 年底，“学军大脑 2.0”发布，成为学军小学教育集团唯一的数字化入口。从学生成绩分析到老师家访，再到听评课、事故报告、校长信箱等等，根据学校运行的核心业务场景，“学军大脑”共开发了 20 多个应用。

其中，“AI 校长”是张军林的专属助手。打开它，张军林可以随时了解学校各个校区的情况，事无巨细，从业务主题到对应细节，一应俱全。

根据数据，“AI 校长”还会针对具体事项提醒张军林注意。例如，有没有安全事故。安全是一切教学活动的基础。“没有了安全，也就不用谈什么成绩问题。”张军林说。

“学军大脑”建成后，校园安全实现智能化管理。例如，一个

校区如果一个星期内出现了三起安全事故，后台便会向张军林推送提醒。根据具体情况，他会去跟分校校长谈加强安全教育的问题。

“AI 校长”播报的数据，同时都存储在“校长数字驾驶舱”内。张军林可以随时调取和查看不同业务的详细数据，以掌握整体情况。如此，如果出现问题，他和管理层能及时制定策略、进行干预。

也就是说，不需要分身，张军林随时都在跨校区工作，能实时掌握不同校区发生着什么。

张军林说，这些用来做分析和进行管理的数据，其实之前都存在。毕竟，每个教学行为都会产生数据。只不过，原来的数据“散落在不同的角落里”。例如，听评课的数据可能由教导主任掌握，老师上下班的考勤数据可能在办公室主任那里，对老师的评价、考核可能由校长掌握。

而这些资料、数据，以前多数是以纸质形式存在，并且往往只有一份，“在你这里，别人那里就没有”。在人员变化、老师们跨校区流动的过程中，这些数据很可能会丢失。若有的同事离开了学校，这些数据甚至可能永远消失。

“学军大脑”解决了这些数据的存储、流转问题。所有数据录入统一平台后，相互关联，实时进行分析，能够真正辅助教学与管理。

“既环保，又节省了时间”

在学校教育尤其是小学教育中，家校沟通异常重要。其中，老师家访被普遍认为是高效的沟通途径。

过去，老师们家访后，需要手写三份纸质表单，记录家访情况，同时作为家访的证明。纸质表单的问题是效率低、留存难。在班级交接、老师换任、学生升学等诸多情况下，家访数据的交接和流转很不容易实现，后来的老师很难追溯之前的情况。

而从教学管理的角度，哪位老师走出去做了家访、情况如何，哪位很少去做家访，张军林很难全面了解，更不用说及时掌握。

过去，在老师们的家访工作完成后，他通常要到各个校区去，翻阅汇总的材料，最后再在行政会上进行反馈。这个过程中，纸质表单的收录、各个校区间的车程往返，会耗费大量的时间。

“学军大脑”打造后，“数字家访”系统解决了上述问题。这个系统把每个老师的家访时间、地点、记录等情况汇总，让家访的整体情况一目了然。

如此，从学生成长的角度，学生学习的各个阶段的数据都有留存，方便不同时期的老师整体了解学生情况，对应施教。而教学主管们通过后台，也可以看到每个学期老师们的家访情况，能够对业绩优秀的老师进行表扬，对不够积极的老师及时提醒。

学校是个封闭的环境，孩子们在学校的状态是怎样的，家长们会希望了解更多。过去，一些重要的班级活动、学校活动，老师们会一一拍照发给对应的家长。

这是个非常消耗时间和精力的工作，毕竟学生人数很多。现在，“学军大脑”中的“相册”实现了自动分发。照片上传到系统，AI 会自动识别每个学生，并将照片发送到对应学生的文件夹，家长们可以随时点开查看。

在提高家校沟通效率方面，电子成绩单和电子奖状也很受师生和家长们的欢迎。过去，学生们考试完放假后，打印奖状成了学校的一大负担。现在，老师们在系统中录入成绩后，系统自动生成电子成绩单、电子奖状，并且能瞬间对应发送，也方便家长在社交平台分享。“既环保，又节约了时间。”张军林说。

为老师每周节约一个小时

一切创新举措，最终目的都是服务于教学成果。学生们成绩怎么样，老师们的教学效果如何，对于学校和家长来说都是核心问题。

现在学生们的考试成绩不排名，那如何了解整体教学和学习情况？以钉钉低代码平台为基础，“学军大脑”打造了智能成绩分析系统。

把学生的考试成绩录入系统，把及格线、优秀线设定好，每个老师、每个科目、每个班级、每个年级、每个校区的成绩，系统都能清晰全面地展示出来。该系统还有个好处是，可根据实际情况对阈值做合理调整。例如，某次考试题目太难了，通过调整阈值，优秀的成绩依然得以突出。

有了成绩分析系统后，学生当次成绩如何、与过去相比的变化，老师们的教学成绩与之前学期、学年的对比，都有数据可循。学校也可以对应去帮助提升教学水平。

为了提升教学水平，听评课是老师间非常重要的交流学习活动。不过，过去，听评课也是一项相对令人“头疼”的活动。

过去，每次听评课前，学生发展中心主任都要以短信、电话等方式向老师们一一发通知。听课之后，老师们要手写听课记录。从听课通知发出到最后收集起大家的记录本，大约需要一周的时间。

而一个学期中的整体学习交流情况，例如哪位老师听了多少节课、听了谁的课，都得等到学期结束两周后才能收集齐。张军林说，这时这些情况其实就没有多大意义了，因为老师们都放假了。等到新学期开始，这些已经是上学期的事。

“数字听评课”系统开发后，这些令人头疼的问题不再存在。从开课科目、上课老师到听课老师等信息，全部实现在线化。听课后，老师们在系统中写下记录。如此，每一次听评课都有了数据留存，数据能够真正沉淀下来，方便查阅和分享。

数字听评课系统也方便了教务的管理，过去需要一周完成的工作，现在通过系统能够实时完成。对应的数据分析结果，一两分钟便能展现出来。对于参与听评课的老师们来说，可以省去大量手写记录的机械性劳动。

张军林算过一笔账，20 多款业务应用开发后，大约为集团 350 多位老师每人每周节约一个小时的时间。他的目标是，每天为每位老师节约半小时，让老师们从琐碎的、机械的活动中节省出时间，将更多的精力用在教学上。

以钉钉为底座打造的“学军大脑”上线后，也改变了校园的管理模式。张军林说，现在的校园管理工作 80% 由 AI 去完成，20% 由人工干预。

也就是说，AI、大数据这些听上去“冷冰冰”的技术，通过“学军大脑”这样的智慧平台，实现与教育相融合，能够真正服务于教学和校园，以数字化的便捷性和高效率助力教育和教学水平的整体提升。

“技术一定要以人为本，”张军林说，“学军的所有数字化实践，最终都是为了服务老师和学生，在技术的更新迭代和给教育系统带来的压力之间，也需要找到平衡点，最终让 AI 有用、更有爱。”

冲上热搜的“乡村低代码老师”

“天亮起来爬坡坡，爬了一坡又一坡……”因地形起伏、层峦叠嶂，四川省泸州市古蔺县皇华镇一直流传着这么一句顺口溜。

皇华镇位于古蔺县东南部，距离县城 60 多公里，距省会成都 400 多公里。崎岖的山路是当地人走出大山的羁绊。

彭龙就出生在这里。他曾经有走出大山的机会，但最终还是选择回到这里。在乡村教师岗位上，他一路自学低代码编程，在钉钉上研发出数十款软件应用，解决了校园管理中的诸多痛点。

2021 年，彭龙曾因此冲上了微博“热搜”，引发媒体关注和报道，被誉为“乡村教育摆渡人”。不过他并未就此止步，而是继续依托钉钉平台，将他所在的皇华中学打造成了一座“数字化校园”，让教育数字化在大山里落地生根。

打小练就的动手能力

皇华镇花溪河畔，创办于1957年的皇华中学背靠青山、绿树环绕，截至2024年初，拥有教师120人，学生1500人左右。

1988年出生的彭龙，和很多山里的孩子一样，对外面的世界充满好奇。皇华中学是他的母校，从小喜爱鼓捣技术的他，正是在这里读书时开始接触电脑。

2008年，彭龙读高二，他用暑期打工赚来的钱购置了一台二手电脑，花了1000多元。“这台液晶屏台式机当时在我们村里还是很先进的。”

拿到电脑后，好奇心很强的他，忍不住开始琢磨如何拆解。家里、学校里都没有网络，他就跑到附近的网吧去上网查资料，了解电脑的基本构成。回来后就把自己电脑的主板、内存、硬盘等等拆了装、装了拆。

彭龙这样的动手能力源自哥哥的影响。他记得，小时候左邻右舍的电视机、影碟机等家电坏了都会来找哥哥维修。

彭龙天天跟着哥哥跑，耳濡目染，对电器的拆解维修也就有了了解，这也培养了他的动手能力和思维方式。

2010年，彭龙考上绵阳师范学院数学系。“我从小数学就比较好，其他课差一点。”当时他们村里考上大学的不多，也就出了两个大学生，他是其中一个。

去绵阳读大学时，他把这台二手电脑也带在了身边。

大学毕业后，彭龙本来有走出大山的机会，但他选择了回乡执教，担任母校皇华中学的数学老师。这台电脑又陪伴着他回到了这里。

也正是这台电脑，让皇华中学校长看到了他的专长，校长把学校信息化建设的担子交给了他。

彭龙接手后，就遇到了难题。市面上各类软件能解决学校痛点的不多，但费用不低，学校经费紧张，“五六千元基本就不会考虑”。

怎么办？他开始寻找“花小钱办大事”的办法，最终他发现了钉钉，以及钉钉上的低代码开发平台氚云。通过自学低代码，彭龙在 4 年时间里，为学校开发出 43 款实用软件，他也因此走红网络，登上了微博“热搜”。

如今，彭龙以一己之力搭建起皇华中学的信息化管理模型。

数字化路上步履不停

皇华中学数字化的历程，是从钉钉解决具体问题开始的。

2017 年，学校老师们反应最热烈的是自习考勤管理问题。为这事，老师们没少抱怨，彭龙决定用钉钉“管一管”。

皇华中学是一所寄宿制乡村学校，学生以留守儿童为主，学校每晚都会安排老师去上自习课，并对上课老师进行考勤记录。

值周老师每天带上全校老师的花名册去核对上课情况，挨个教室查岗并手动打钩，一周结束后人工统计数据，再手动输入电脑，最后在教师群里公示。

这种手动操作模式弊端明显，老师们的课时节数统计常出现错漏。不是错在统计环节，就是错在电脑输入环节。

这些错误不但影响了老师们的课时报酬，还影响了同事们之间的感情。

“万事不决数字化。”彭龙是一个遇到问题就想通过技术去解决的人。

2016年，他开始接触钉钉，当初只想找一个可以免费储存资料的“网盘”。随后他发现，钉钉不但可以储存资料，里面还有一款适合解决学校问题的低代码工具“氚云”。当时这款工具的年费是2000元，在得到校方支持后，他第一次动手做低代码开发。

几天后，彭龙的处女作——“自习考勤”应用在钉钉内上线。他设置了表单和编号，自动关联班级和教师，值周老师查岗时只需逐一比对。

每次考勤后，上课老师会即刻收到钉钉提醒，如果上了课未收到提醒，可以联系值周老师进行更改。

“这是我在钉钉上低代码开发的第一款应用软件，非常顺利，零错误。”彭龙回忆这段经历，掩饰不住兴奋。

风起于青蘋之末，浪成于微澜之间。1个人加2000元，彭龙的校园数字化探索之旅自此开启。

在“自习考勤”软件大获成功后，学校内部的基础信息、学生请假、住宿管理等应用在彭龙的手下逐一出炉。

通过这些软件的实际应用，皇华中学现已成为古蔺县智慧校园建设的先行者，而彭龙也成为乡村教育数字化管理的探路人。

“自习考勤”软件的应用，方便了学校内部沟通管理，驱动了全校教师使用钉钉。目前皇华中学在钉钉上成立了各类管理群，包括教师和学生家长在内，使用人数近 5000 人。

皇华中学的信息化管理模式也得到了古蔺县教育局的认可。2019 年底，古蔺县所有学校开始效仿皇华中学，推进使用钉钉。

不过彭龙并没有满足于此，他思考的是，如何在信息化和数字化的交叠中升级教学管理。

目前，学校依托钉钉平台，与一家硬件供应商合作推行“一脸通”，管理学生进出校门及寝室。

如果学生已通过应用软件请假，明确当天不回校，数据会自动更新汇总，校长、老师都可以看到，宿管员查寝时也会心中有数；如果学生应当回校却没有回校就寝，则属于异常，预警开启，校方会尽快跟进处理，确保学生安全。

学生进入寝室后钉钉也会给家长推送即时消息，很多家长在外地务工，看到自家孩子的在校信息时，踏实而欣慰。学生们还可以通过硬件设备调起钉钉通讯录和家长发起视频通话，彭龙将这一系列数字化管理命名为“一脸通”。

技术的内核是人文

基于钉钉平台的低代码开发，彭龙为教学管理痛点做出了很多解决方案。

他总结道，只要把教学和管理理顺，老师就会积极工作，学生就能安心学习。

而在所有依赖技术的解决方案中，彭龙认为，技术的内核一定是人文性，没有人文关怀的技术是冰冷的，走不长远。

现在彭龙正在做教师的信息化档案，相当于教师的个人电子档案管理，通过各方面数据整合，对每位教师进行全方位画像，以充分展示老师们的职业成长历程和教学价值。

每次在设计应用软件时，彭龙秉持的首要原则都是易用，他认为老师们觉得好用、愿意用才是最重要的。“如果说拿到一个表单要花一两分钟才能录入完成，那肯定不行，必须优化。”

现在和校方合作的硬件供应商都知道彭龙的原则，他们总结出了彭老师的设计理念：“能做选择题就不要做填空题，能单选就不要多选。”

彭龙提倡的人文性还体现在一些小细节上，比如值周考勤后会给每位老师推送一条信息。

彭龙说，他是个理科生，语文水平一般，但也会在推送语上认真推敲：“× × 老师，您在 × 日的考勤已登记，请您知晓，感谢您……。”

彭龙心中，还有一款他一直想开发的应用，不过目前尚未开工，那就是“学生评价”应用。这款应用的数据需要覆盖德智体美劳等各方面。

彭龙说，一名学生到皇华中学进行为期三年的学习，其间一定会有一些变化，如果这个变化能被记录下来，能对学生有一个客观评价，就会非常有意义。这款应用一旦做成，还会有利于教学管理。

如果有班主任调任或者任课老师请假，接替的老师打开软件看相关数据，就能快速了解每位学生的情况，之后就可以做有针对性的教学和管理。

“可是，这是一个庞大的工程，需要理论支撑、技术支撑，还要做大量的数据收集。学校资金有限，人员上也只有我和另一位数学老师两个技术骨干，目前我们还没有能力做这款应用。”彭龙希望将来有更多积累后，完成这个心愿。

教师必备数字化能力

在日常与人打交道时，彭龙总是笑脸相迎，笑容真挚且有感染力。同在数学组的段老师评价他是一个风趣幽默、乐于助人的人，“谁有困难都会第一时间找彭老师解决”。

如今摆在彭龙案头的问题是，如何才能更深层次地挖掘数据，帮助学校解决更多实际问题。

他想到的是做课题研究，希望通过系统性总结和反思，去促进教育教学的发展和提升教师教学水平，从而提高学生的学习效果。

彭龙透露，皇华中学已向四川省教育部门申报了“实验教学信息化管理应用实践研究”这一课题。

做了多年的数字化校园管理，彭龙心中理想的智慧校园包括三个维度：一是教师能精准教研，可以做到因学生而异、因材施教；二是学生可以精准学习，每位学生的每一个需要巩固的知识点在知识图谱上一清二楚；三是学校能够更加公平公正地精准管理，通过软硬件整合，减少人为参与，提高智慧管理水平，比如建设智慧校园安防系统、智慧食堂等。

“理想有点远，目前还只是在起步阶段。”彭龙伸手比画着现实与理想的差距。

农村要发展，离不开教育。要实现乡村振兴，就要让乡村教育先行。“好在教育大环境现在是趋好的，这样我们个体就有了动力。”彭龙介绍，古蔺县 2020 年脱贫，近几年加大了对教育的投入。

县城里又新建了一所高中，高中学校从原有的两所增至三所，全县学生的普高率得到提升。同时，县里还新建了一所职教中心，为本地企业有针对性地输送人才。

对于校园数字化的未来，彭龙说，他对人工智能的发展趋势非常关注，不会错过任何一条相关动态消息。能免费试用的他都体验过，比如 ChatGPT、通义千问、文心一言等。

听闻钉钉正在尝试把 AI 大模型应用在学校管理、教务减负、教师发展、学生成长和教学评价等方面，彭龙颇有兴趣。他说：“据说钉钉魔法棒‘/’只需要使用自然语言就能生成应用软件，那就真的实现人和机器的双向奔赴了。”

“我敢说，数字化能力是教师未来必备的核心能力。”彭龙认为，人工智能时代已经到来，教学资源、学生学前分析都需要数字化支撑。而且数字化转型是国家战略，教育行业迟早要面对。对每位教师来说，数字化能力是非常重要的一种素养，也是打造智慧校园必备的一项技能。

小镇程序员：用低代码改变一家食品公司

一家独辟蹊径的食品公司，一位从谷底翻身的老板，一个心怀梦想的程序员，在福建晋江的村镇中，他们用数字化工具改造传统工作方式。

这是一个关于技术和管理的故事，也是一个充满热血和情怀的故事。

零食工厂的程序员

2020年，31岁的程序员翁自豪决定离开厦门，回泉州老家。

厦门是互联网创业的热土，是全国14个软件名城之一。之前的10年，翁自豪在厦门上学、工作、创业，一场突如其来的疫情，使他创办的软件工作室陷入困境，不得已关门停业。

一个拥有全栈开发经验的程序员在厦门找工作不难，但翁自豪想换一种工作生活方式。

回到泉州后，翁自豪加入了晋江一家食品企业——有零有食。

晋江以鞋服产业闻名，其实食品加工也是其支柱产业之一，上下游完备，在一个村子里就可以做生意。

有零有食品牌创立于2017年，主营冻干水果等休闲零食，年产值3亿元以上。冻干是一种新的食品加工技术，首先将食品中的水分速冻成冰，然后在低温低压的环境下使之升华，食物因此而脱水干燥。与传统的盐渍或糖渍技术相比，冻干方式能够最大限度地保存水果中的营养成分。近些年流行的超速溶咖啡使用的也是冻干技术。

在这家公司，翁自豪得了一个花名“龙眼”，公司有办公室人员60多人，生产仓储人员100多人，每个人都用水果做花名。老板陈世伟的花名叫“榴莲”。

一个程序员，到食品加工企业中能做什么呢？“榴莲”说：“你来管管电脑，选选系统吧！”

老板“榴莲”是一个有故事的人，他初中毕业后打工几年，白手起家，20岁开办糖果厂，淘到了第一桶金。有了钱胆子就大，他跨行投资，铩羽而归，又回到糖果生意，2017年创办了有零有食。

“榴莲”聘请职业经理人管理公司，他自己当“富贵闲人”，最喜欢的事情是钓鱼，公司的事情很少过问，连公司有几个部门都不清楚。因为他当时的想法是：“只要生产就能卖出去，不用管理也能活得很好。”结果就是，公司积压了大量库存，一年亏损1700万元，差点倒闭。

置之死地而后生，“龙眼”明白老板的决心，公司要发展壮大，管理要透明高效，这离不开数字化系统，但公司基础之薄弱还是让他吃惊。

“你知道我刚入职的时候干得最多的事情是什么吗？帮大家搬电脑、插网线，因为大家连网线都不会插。”“龙眼”苦笑着说。

当时公司有两个数字化系统，一个 ERP、一个钉钉，但是使用率非常低。“龙眼”讲了一个典型的例子：公司有个小食堂，每天根据就餐的人数做饭，而统计多少人就餐就成了行政人员每天上午最耗时的工作。

“龙眼”说：“行政同事坐在我对面，我就看见她每天 10 点开始打电话，一个一个问要不要去食堂吃饭。我觉得很奇怪，公司不是有钉钉吗？行政同事说：没用的，发消息他们都不看，还是要逐个确认，要不然到时候没饭吃，又怪我。”

员工习惯于使用电话、单据、Excel，几乎没有数字化概念，这就是“龙眼”最初面临的情形，挑战之大可想而知。

业务和沟通如何无缝衔接

“龙眼”心思活络，干劲十足。在老板的支持下，他成立了数字化中心，组建了团队，做的第一件事情就是统一公司上下的认知，内部沟通使用钉钉，先把人事行政相关的功能用起来。比如组织会议时，召集人确定日程，发给相关参会人，相关人员能参会就点“接受”，不能参会就点“拒绝”并写明原因；再比如上文所述报餐，行政在钉钉上发起统计，需要就餐的报名，5 分钟完成统计。

“龙眼”进一步梳理公司各个业务流程，评估哪些环节存在提效空间，哪些可以用低代码工具宜搭解决，哪些需要用第三方系统软件解决。“龙眼”梳理下来发现，最大的问题不在于业务，而在于沟通。“我经常在内部讲，咱们不是在刻CPU，不是在造火箭，业务没那么复杂，卡点都出现在沟通上，只有信息高速流转起来整个流程才是顺的。”“龙眼”说。

到2022年，公司已有将近500人，要改变这么多人的工作习惯不太容易，“龙眼”只能不断地宣传、不断地强调。“这个过程确实挺痛苦的，你要一直去宣传这个事情可以怎么做，那个事情可以怎么做。”“龙眼”说。

宣传最好的方式是树立典型，最早愿意配合尝试的是物流部门。以前，有零有食的运输流程是这样的：物流部门发货时，从ERP里导出货物在途跟踪Excel表格，发给不同的物流承运商，承运商会把这个表格导入它的系统，完成运输后将客户签收订单邮寄回来。这里面的问题是，对于货物是否及时运输至客户方、运输过程中是否有破损或丢失，仓储物流部人员不能实时跟进记录，承运商的服务质量不可控，而且运输费用结算周期长，对账烦琐。

在数字化中心和物流部门合作开发运输管理系统时，“龙眼”发现钉钉推出的应用产品形态“酷应用”能够把沟通和业务数据结合起来，正好匹配他们的需求。

在销管业务员、物流专员、承运商内勤组成的钉钉群中，运输信息以卡片的形式更新并提醒，群内成员单击卡片内容跳转至后台查看对应承运商运输情况，运输结束后，回单拍照上传，费用线上确认，物流部门还能根据实际数据考核承运商服务质量。

换句话说，把承运商拉到有零有食的钉钉组织中，在群聊天场景中完成业务协同，极大地提高了效率。据“龙眼”介绍，下一步，他们还会把运输司机、客户也覆盖进来。

这个运输管理系统开发仅用了两周时间，但效果是显著的。据有零有食仓储物流部负责人黄晓峰介绍，仅运输管理系统软件的采购成本和运输成本，一年就可以节省上百万元。

基于多年软件系统开发经验，“龙眼”很快意识到了“宜搭+酷应用”的巨大潜力。公司有 ERP，也采购了 CRM，这些系统工具必不可少，但最大的问题是内外部沟通协作时，需要不断地在群聊和系统之间切换，文件、截图来回传输修改，效率低且易出错，而酷应用通过机器人助手、卡片等形式，将业务流程自动发送至相关群，相关人员在群内确认、填报，数据又被自动更新至业务系统。

“酷应用出现后，我们决定 All-in（全入）宜搭。”龙眼说，“可以这么说，酷应用只是低代码的一小步，却是数字化系统的一大步。酷应用使业务跟沟通真正打通，实现从‘人找事’变成‘事找人’。”

按照有零有食的数字化架构设计，“龙眼”一方面持续推动公司各业务部门使用宜搭开发低代码应用，另一方面领导 IT 团队开发连接器，将低代码应用与第三方软件系统打通。

物流部门的实践为“龙眼”在内部推广数字化提供了案例，他说：“一些人是先相信后看见，大多数人则是先看见后相信。我先建立一个标杆，再给其他人宣导，解决了多少问题，降低了多少成本，让大家都看见。”

生产部门、人事部门、销售部门等都开始用低代码搭建或大或小的应用。这里面分为两种情况：一种是数字化中心包办，包括需求调研、需求分析、蓝图设计、需求确认、开发测试等等，业务部门配合需求调研和测试即可；另外一种是业务部门主导，他们根据自己的业务逻辑和需求自主搭建，数字化中心协助收个尾。“我们更欢迎第二种方式，就像我之前说的，业务都不复杂，关键是要鼓励每个人都参与。”“龙眼”说。

人人都是低代码开发师

“要体验真正的意义，不必贡献出真正有价值的东西，但我们必须得到做出贡献的机会。为生活增加意义的最佳途径，就是把自己的日常行动与一个宏伟的目标联系起来，我们需要机会来反映这一共同事业的宏伟规模。”

《游戏改变世界》（简·麦戈尼格尔著）是“龙眼”很喜欢的一本书，书中认为，当一个人与一个宏伟的目标联系起来，他就能够体会到意义感、使命感。“龙眼”通过不断的内部宣传，希望让所有员工意识到，信息化、数字化不是一个人的事情，不是一个部门的事情，而是全员的事情。

老板“榴莲”也非常支持，他认为管理要公开透明，业务的讨论要基于数据而非观点，经常鼓励员工积极学习、快速试错。

为了调动每个员工参与数字化的积极性，数字化中心在内部组织发起“人人都是低代码开发师”活动，给考取证书的员工发奖状、发积分、拍照宣传。“早上 9 点我们发起了这个活动，中午 11 点就有人考取了初级证书，其他人就说‘这么简单吗，他会我也会’。第一张中级证书也是非 IT 人员考取的。”“龙眼”说。

在短短两周时间里，61 人通过初级认证，17 人通过中级认证，1 人通过高级认证，通过人员包括生产、人事、财务、业务、销管、仓储、品控等部门的人员。据“龙眼”介绍，活动中有两个明星学员，一个是人事总监，一个是车间主任，他们各自开发了十几个低代码应用，比如消防器材点检表、防疫登记表、车间巡检表、车间消毒记录表等。

这些低代码应用对应的原本是车间的一张纸质表单或电脑里的一张 Excel 表格。据“龙眼”介绍，公司已经提出明确的目标——80% 的业务流实现信息化，实现目标的第一步是取消纸质单据，第二步是取消 Excel。

从个人角度，“龙眼”对低代码有更感性的理解。“在一、二线城市，信息化可能是很容易理解的事情，但是在三、四线城市，在我们食品加工行业，很多公司连个像样的系统都没有，具有数字化意识和能力的从业人员非常少。”他说，“所以我非常喜欢低代码，以前培养一个全代码开发人员得一两年，现在有了低代码，人人都可以学，一两个月就能上手。”

未来三年，“龙眼”给自己定了三个目标：一是建立一个数字化团队，二是把有零有食打造成晋江食品行业数字化转型的标杆，三是成立一家可以对外赋能的子公司和一个低代码开发师孵化中心。

“我这样来自小地方的人，通过学习考试来到大城市，进入了IT行业做工程师、架构师，如果有一天回到家乡，我能做些什么呢？我觉得低代码是一个很好的契机，我们可以建立一个团队，孵化一群人，带领本地企业数字化转型。”“龙眼”感性地说，“从小镇做题家变成小镇程序员，这是造福一方的事情。”

当“厂二代”遇到数字化“加速器”

提要

至2023年4月底，中国登记在册的民营企业超过5000万家。而如果将小微企业、个体企业统计在一起，这个数字更加庞大。

在庞大的民营企业群体中，据统计，80%以上是家族企业，很大一部分已进入“二代”接班时期。这些互联网一代的接班人，普遍更看重技术、数据的能力。他们寻找新的生产管理模式，以替代“人治”实现科学管理。

在改造自家企业的实践中，一些“厂二代”发现，低代码技术正是他们所寻找的变革工具。他们同时意识到，低成本、高效率的低代码解决方案，正是面临“转型焦虑”的中小企业最需要的利器。

有一个完全属于自己的平台，可以去做各种尝试，这是一件令人兴奋的事。2015 年，李健决定辞掉北京的工作，回老家接手家里的工厂。

不过，他很快发现，现实不那么令人激动。

大家大小事都来找他，询问他这个事能不能做、那个事能不能做。而大家的判断都是靠经验。对于当时的业务管理，李健总结出两个字——混乱。

“不科学，没有现代化管理的影子。”他说，“我一直在上学，觉得科学这个事儿还是比较重要的。”

2015 年，李健决定改造自家工厂。几年后，他已通过钉钉低代码系统将自家工厂完全数字化。到 2019 年，他还成立了新的公司，运用钉钉和低代码技术形成数字化解决方案，帮助其他中小企业转型。

像李健改造自家工厂这样由“厂二代”带动企业数字化转型，近几年已成为一种社会现象。

据统计，中国有民营企业（含中小微企业）超过 1 亿家，占到企业总量的 90% 以上。民营企业中，80% 是家族企业。而这些家族企业，尤其是在改革开放浪潮下创建、经过了数十年发展的家族企业，大多面临交接班或已完成交接班，进入“二代管理”时期。

由“厂二代”带动的数字化转型，与中国民营企业尤其是中小微企业的转型息息相关。

需要寻找一个“加速器”

在李健老家河北高碑店的人们看来，李健属于典型的“高大上”代名词——中国政法大学的博士，毕业后在北京的事业单位工作。

不过，工作了几年，李健觉得也就那样，工作单调，挺无聊的。而这个时候，家里的工厂——河北鑫宏源印刷包装有限责任公司（以下简称“鑫宏源”），由母亲一个人打理，她很劳累，需要帮忙。

鑫宏源创建于2003年，早期主要承接来自北京的出版社的书刊印刷需求。那个时期还是纸质阅读的黄金年代，书刊印刷的业务量很大。李健记得，当时当地有句口号是“要想发，搞印刷”。

不过，这样的盛景不长，十年后，互联网大体量取代了书报刊。印刷行业利润大幅下滑，而且竞争激烈。要生存和发展，鑫宏源就需要转型。

2015年，李健回到老家，从母亲手中接过鑫宏源。当时厂里还靠“人治”，什么都不成体系，各种报表靠人工统计，生产流程、标准、制度东拼西凑，放在文件柜里。

“那会儿我就想做改变，肯定不能再乱下去，乱下去就是死路一条。”李健说。

在安徽，新接班的王昌岭有着非常类似的经历。

王昌岭家的企业叫安徽曦强乳业集团有限公司，始建于1958年，前身为淮北市奶牛场，后来发展为老字号企业和中国驰名商标。2017年，父亲年龄大了，选择了交班。王昌岭成为总经理，全权负责企业的管理。

跟李健一样，王昌岭也很快发现，企业的各种生产环节还是依靠人工和线下，大家大小事都来找他签字。而乳业牵扯的环节非常多，包括牧草种植、奶牛养殖、乳制品加工、研发、物流、销售等。从早到晚，都有人来找他签字，他被困在了办公室里。

另一个现实是，他接手之前从未接触过工厂各个环节的管理，一年也就过年时跟随父亲到工厂参观一下，和一个过客没有区别。

企业需要转型提效，让每一杯牛奶更安全，王昌岭说，他需要把自己的精力解放出来，也需要把大家的精力解放出来，去做更有价值的事。

“父辈有自己明确的管理模式，靠人，靠信任。”浙江锐智信息技术有限公司总经理何世伟说，“但在信息时代，怎么才能精确掌握自己企业的实际情况，并根据实际去发展，是一件很重要的事情，父辈越来越做不到了。新一代的管理者要去解决这个问题。”

何世伟是软件工程师出身，在英国留学拿到计算机科学硕士学位，曾在全球三大软件公司之一思爱普（SAP）工作多年。他同时也是一个"厂二代"，父母经营的家纺厂有40年的历史。家里的家纺厂主要做外贸，这些年随着国际和国内经济形势变化，提效和转型也是何世伟要为家族企业做的事。

除了意识、视野、认知会与父辈不同，"厂二代""企二代"相对缺乏实际经验。"他们不像父辈那样从企业诞生的第一天就在企业里工作，了解每一个生产流程，认识每一个人。"何世伟说，"新一代管理者需要快速了解自己的企业，他们需要信息化、数字化的手段。"

也就是说，他们需要一个"加速器"。

遇到钉钉低代码

李健接手鑫宏源公司的时候，公司并不是完全没有现代化的影子，当时是有一个标准化的ERP系统的。但它太复杂，跟业务脱钩，大家并不用。

"上一代的数字化转型，跟现在的技术本身有一个鸿沟。"李健说。而中小企业的业务变化很快，系统需要能调整以跟进业务。但李健发现，对这个标准系统做更改很难。

他去跟软件厂家谈，发现对方动辄要几十万元、上百万元的费用，这样的费用大多数中小企业都很难承受。

在浙江，何世伟也遇到了类似问题。他希望把国际化、标准化的生产软件，用到家里的企业，但发现并不灵。花了很多钱，问题没解决，还被"折腾个半死"。

"从自己家里的生产企业，你就能明显感觉到生产的需求是千变万化的，而且不同车间里的需求不一样，生产的产品也有区别。”何世伟说，“一万个工厂可能有两万种管理模式，靠一个标准软件去管理车间或者管理生产，这是一个伪命题。”

李健认为一定有更科学的方法。在探索了不同的管理体系后，2018 年 9 月，他遇到了低代码。李健发现，钉钉平台正好满足工厂的需求。在钉钉上，鑫宏源开发了销售、生产、物业、人力资源等 20 多个模块的应用，搭建起了一个全景式数字化管理平台。最终，从订单到生产、质量检验再到后期追溯，实现了全链路闭环管理。

效果是显著的。例如，产品合格率提升了两个百分点。李健说，以前每年花在质量事故上的费用在 20 万 ~30 万元，现在能控制在 10 万元以内。

“解决了很多问题，”李健说，“以前顾得了效率就顾不了质量，有些到货不及时等问题，都是因为管理体系不清楚而产生的。”

王昌岭则越过了在软件世界的探索，一步“跳”到了钉钉。

他接过曦强乳业的时候，公司大概装了 15 套标准化软件，但用的人非常少，“所以它们存在的价值其实非常小”。他决定，干脆全部废掉。

决定并不是武断做出的。在做出改变之前，他跟员工一个一个谈：“你们希望工厂做出哪些改变，希望我怎样来管理？”他调研一线的需求，以发现大家每天工作中需要什么样的功能来提效。他说，光“蓝图”就做了2.6万字。

调研过后，王昌岭决定，以前那些软件都不用了，以后用一个软件解决所有问题——把公司业务建在钉钉上。

要数字化就要全员数字化。王昌岭说：“从门卫、做饭的大姐到外面跑订单的送奶员，但凡能想到的人员，都可以在手机上完成相关操作。”

帮中小企业越过“三座大山”

以钉钉低代码成功重塑自家工厂之后，李健发现，一扇大门也向他打开了，低代码正是中小企业数字化转型所需要的。

他知道，在自己所在的印刷包装行业以及范围更广的制造业，中小企业近些年生产经营压力很大，多数都在打价格战，“拼刺刀，拼到了白热化”。它们需要优化生产，降本增效，需要数字化转型，但中小企业不像大企业，它们没有能力做动辄几十万元甚至上百万元的投入。

工信部的一份文件也曾指出，我国中小企业量大面广，是数字化转型的重点和难点。资金、技术和人才的短缺，是中小企业转型面临的“三座大山”。

而且，以李健自己的切身经验，大型、标准化工业软件与中小企业的实际情况不契合。中小企业需要钉钉低代码的灵活性、快捷性和低成本。

在浙江，何世伟有同样的认识。他说，以前的观念是行业领头企业做出最佳方案，大家跟着走，但现实是，“不是每家企业都这么大”。他认为中小企业、小微企业的数字化转型不能是盲目地堆叠系统。

2018 年，何世伟在老家绍兴成立了技术服务公司，专门服务于小微企业的数字化转型。“在大量的小微企业中，信息化或者数字化转型这件事情，还是比较薄弱的。”

2019 年，何世伟遇到了钉钉低代码招商，服务面向中小企业。这正好与何世伟的目标客户“重叠”。

而且，他认为低代码正是小微企业所需要的。“小微企业最适合用这种方式，就是买一个平台工具，里面有 10~20 个应用，自己只要花几千块钱，稍微改一改就能用。”

于是，何世伟带领锐智加入了钉钉低代码服务。

发现了低代码商业价值的李健，也做了同样的选择。2019 年，他成立了河北鑫牧思网络科技有限公司（简称“鑫牧思”），基于钉钉低代码技术，做企业数字化转型服务。

通过钉钉低代码解决方案，李健帮助自己所在的印刷产业园区 20 余家企业、3 所学校全部完成了数字化转型，让上下游在一个平台全部连接起来。

市场需求是显著的。鑫牧思的客户服务范围，很快超过了同行，后来扩大到了教育、医疗和政府等领域。

疫情期间，李健他们做过一件很有成就感的事。当时，他们发现当地卫健部门派到鑫宏源产业园来做核酸检测的工作人员在检测的同时，还需要手动登记检测人员的相关信息，每人每小时只能检测 22~28 人，大部分时间都浪费在手动登记身份证、核实信息的工作上，最后检查的时候还发现很多登记出错的情况。在为园区人员做完核酸检测后，工作人员还要加班整理数据，1000人的核酸数据需要 4 个人晚上加班 2 小时通过 Excel 手动整理，才能满足向相关部门上报数据的要求。“工作人员白天这么辛苦，晚上还需要加班整理数据，不靠数字化手段，效率实在太低了，我们帮你们研发一个核酸数据管理数字化平台吧。”李健说。当天晚上他就带公司骨干开始研发，凌晨 3 点研发完成，第二天平台就在产业园的核酸检测中测试上线，研发人员对发现的漏洞进行优化，第三天平台就正式上线运行了，每人每小时能检测 120 余人。这个平台不仅为产业园的核酸检测服务，还为高碑店市人民医院的核酸检测提供服务。这也说明低代码在快速开发与部署方面的优势，不仅能助力企业实现降本增效的目标，也能为政府的应急工作提供强大的数字化支持，李健说。

带着“小超市”上门

在三年疫情和不断变化的经济环境下，中小企业多有“转型焦虑”，这种焦虑也可能带来数字化“强迫症”。

不过，数字化并不是万能的。李健认为，不是所有企业都适合数字化。他会建议企业先理顺内部管理，再考虑做数字化。另外还要看投入产出比。如果投入 5 万元能节省 10 万元，那肯定值得做；如果投入 5 万元只能收回 3 万元，那就没必要做。李健说，他曾三次拒绝一个“非要数字化”的客户。毕竟，数字化的目的是实现降本增效。以数据为支撑，“账”也很好算。

例如，有一家企业是做橡胶制品的。橡胶制品的生产有原料损耗，过去他们没有数字平台，一直凭经验按 5% 的损耗比例执行。

李健他们以钉钉低代码帮助这家企业搭建起数字平台，做数据的后期分析时，发现损耗率其实是 2% 多一点，不到 3%。因此，企业根据数据把损耗指数降了下来。

李健说，以 1000 万元的额度计算，5% 的损耗就是 50 万元，降到 2%，就省了 30 万元。

何世伟也会帮客户算账，他也不认为所有中小微企业都适合或者需要数字化。“做这个事情到底有没有意义，这个钱值不值得花，都要去衡量。”

“当你的管理无法满足需求的时候，才需要用到系统。”何世伟说。比如一些家庭作坊或一个车间，人很少，沟通很容易，“要人家改变管理方式，那是强人所难”。

对于有需求的客户，他们会上门去做调研，去看、去听、去感受。看对方的业务场景是什么，具体有怎样的需求。

中小企业有独特的落地模式，这意味着技术产品要适应这样的落地模式。“要允许客户挑挑拣拣地去用不同的功能。”何世伟说，“要可以拆也可以合，允许个性化。”

而钉钉低代码系统正好能满足中小企业对应用“挑挑拣拣”的需求。

“我给你一个低代码平台，里面有 100 个模板，你随便挑一个，我给你快速个性化。”何世伟说。他们会带着“小超市”上门：钉钉宜搭系统是货架，里面的各种应用是琳琅满目的商品。

“很有获得感，很享受”

都是“家里有厂”的人，都有自家工厂转型的“实战”经验，又有研发和触达用户的组合能力，何世伟和李健在低代码技术服务领域业务拓展得都很快。

李健还提出了一个中小企业转型“方法论”：梳理好管理体系，以低代码为工具，加上核心员工，就能够完成数字化转型。

“这是基于我们工厂和产业园数字化转型的实践得来的。”李健说。以这套方法论，到 2023 年 11 月，他和团队已为近千家客户、70 万人提供服务。

拥有自己的软件产品公司、带着“小超市”去上门服务，何世伟也成为行业“排头兵”。他的公司，“铜牌、银牌、金牌都拿过”。

王昌岭的公司作为一个传统企业也彰显了不传统的一面，自 2022 年起获得互联网行业、数字化方面的诸多荣誉。

2021 年，曦强乳业以钉钉为底座搭建了全链路溯源管理系统。企业的所有业务都在钉钉上，2022 年在全链路溯源管理的基础上进一步完善，完成了系统的一体化综合管理，种植、养殖、研发、生产、加工、仓储、物流、销售，数据互联互通，一体化整体运行。目前曦强乳业完成的应用场景超过 550 个，每年的数据量超过 700 万条。

王昌岭认为，对于中小企业来说，这是投入最少、浪费最小、运行相对简单的数字化解决方案。曦强乳业利用低代码不仅解决了当下问题，还做了不少管理创新，如完成了正向溯源的全链路溯源管理、“五好”奶牛的养殖模型、大成本观下企业的运营管理等。

数字化转型后的曦强乳业，已成为一家典型的现代化乳企公司。

低代码带给李健的效益也是显著的。他说自己做低代码技术服务，公司利润率在 10% 以上。而传统制造业的利润率可能 5% 都不到。

而且，这是当下的一种刚需。2022 年底工信部印发《中小企业数字化转型指南》(简称《指南》)，低代码作为“小快轻准”的解决方案被写入文件中。《指南》认为，低代码能够帮助中小企业降低数字化门槛和转型难度。

在钉钉总裁叶军看来，低代码技术能够以一种简单的、低成本的方式，让中小企业不需要一支庞大的 IT 团队就能够获得与大企业一样的数字化服务能力。

而且，这还是个蓝海。据专家介绍，目前低代码应用在中小企业的覆盖比例还不到 25%。也就是说，李健、何世伟他们做的是件独特和前景广阔的事。

但最重要的还是价值感。拓展新业务，接触不同领域的人，开拓新世界，做的事情能助推改变发生、产生新价值。“很有获得感，很享受。”李健说。

附录

增强而非取代，是人类打开 AI 的正确方式[①]

人文学者刘擎对于大模型有些疑虑：他观察到，这一轮技术变革不同以往，AI 取代人的岗位在变多，裁员的比例在上升，这可能会带来政治文化的冲击：社会阶层将改变，少数人将参与生产，而多数人可能沦为纯粹的消费者。长此以往，人的超越生物性的特征是否会逐渐淡化、钝化？另一方面，人的欲望极易被满足，人类是否也会感到极度无聊、陷入虚无主义？

面对这些问题，钉钉总裁叶军则是个不折不扣的技术乐观派。他在实际观察中几乎没有见到企业因为 AI 裁员的情况。相

---

① 本文源自 2023 年 12 月大观学者刘擎与钉钉总裁叶军的一次对话。

反，他认为AI能将个体从烦琐、无聊的工作中释放，让他们有机会去做更多创造性的、快乐的工作。比如，现在只有马斯克在做火星移民的工作，未来也许有更多人可以做。

一位是为人类忧虑的人文学者，一位是积极拥抱技术的在途工具创业者，面对技术，他们的不同态度主要源自各自不同的视角与人生经历。

叶军自2020年执掌钉钉，在他的管理下，钉钉这款国内用户规模领先的协同办公软件，几乎是国内最早拥抱AI的生产力应用之一。当下，AI可能为生产力带来的这轮革命，是叶军职业生涯中经历的第三次技术浪潮——他发现，每次浪潮中都有怀疑者和乐观者两派，但最终总是后者胜出。

疑虑或乐观，我们如何理解AI时代？

刘擎：整个人工智能发展已经有五六十年了，而它对社会、经济、文化以及现实的冲击2023年以来特别明显。

我的第一个判断是，这个技术是挡不住的。因为在历史上，人类的各种技术一旦出现，哪怕它有风险，也仍然会发展。人类就是一个冒险的物种，从走出非洲到遍及整个世界，也是一个冒险的历程，人类的进步主要是由少数愿意冒险的人带动的。

第二个判断是，这次技术革命对社会乃至整个人类文明的影响是史无前例的。过去的几次技术革命带来的是工具革新，但这次带来的是具有部分能动性和自主性的第三种力量。它会反过来塑造我们人类，包括我们的价值观、我们对世界的理解，甚至对自我的理解等等。

那这次技术革命的影响到底是好还是不好？对此，有人很乐观，有人比较悲观，我个人的感受是既兴奋又有点忧虑。我的忧虑在于它给我们带来的到底是什么，这个评价标准本身都可能发生改变。

这不是对某个行业、某个领域或者某种专业的影响，而是全局性的、全球性的、深远的，可能带来人类文明范式转换意义上的变革。它的收益和风险是共存的。所以我们需要带着疑虑和责任进行反思。

叶军：我偏技术乐观派一些。因为我们在某种程度上算是互联网的原住民，当年也遇到过类似的新技术出现。我记得 1999 年我第一次用 PHP（超文本预处理器）写了网页的程序，是一个聊天室。很神奇，凡是从聊天开始的产业都很有希望，钉钉也是从聊天开始的。

1999 年就有人告诉我，用网页做应用没有前途，必须做成可以安装的客户端。当时我们计算机系没有人选择做网页，但我就决定搞这个。

类似的事情在 2013 年又发生了一次，当时移动互联网浪潮刚刚开始，很多人跟我说，未来的世界肯定是 PC 端的，移动互联网只是 PC 的一个延伸。我当时就反驳他，说这次可能是他错了，我说移动互联网会成为流量的主流。

我可能是一个乐观派，为什么乐观？因为钉钉上有大量的企业客户，我们可以看到，一些企业内部的极客、IT 部门的员工已经通过 AI 技术创造了很多让我们惊喜的东西。这给了我们很多信心，所以我在这个问题上比较乐观。

刘擎：ChatGPT 这样的产品当然是一个进步。我今年（2023 年）在美国访学有半年的时间，就着迷于用 ChatGPT，它给我带来了很大很大的收益。

但是为什么又有忧虑？因为第一，我们现在能确定的是，这样一个非常了不起的技术革新，一定在效率和经济发展上带来了进步，但人类是多维度的，我们还需要自由、安全、确定性、公平、归属感等等。这些维度之间可能存在冲突，或者内在的紧张。比如经济发展和人们的平等之间，往往就存在一定的冲突。

比如，很多行业的从业人员终其一生学的知识和技能是不是就慢慢被淘汰了？可能相当一部分人会感到巨大的冲击和焦虑，在这个意义上，AI 技术就很难清楚地说是进步了。在技术进步之外，我们也要同时考虑它带来的社会道德影响。

所以现在不只科学家、企业家、技术工程师在讨论 AI，政府、社会学家等等也都被卷入讨论中，因为它带来的是全方位的影响。

叶军：刘擎老师讲的其实我们在某种程度上也认同，任何一项技术在发展过程中都会有不同的声音。

站在我自己的角度，我觉得对于ChatGPT这类AI工具的出现，大家首先肯定更期待它在进步这一方面发挥价值。

我们面向企业，对这件事有非常明确的观点。因为任何一家企业核心的竞争力都包括成本和效率。很多企业发展到后期，最大的成本就是沟通和决策成本，我们今天看到AI正在针对这两个问题给企业提供非常大的帮助。

我们有两个非常典型的客户，其中一家是上海的上市公司，这家公司是做数模芯片的，就是从模拟信号转数字信号。这种芯片公司的SKU（库存管理单位）很多，可能有上千个芯片，因为场景太丰富。这家公司就跟我们讲了一个问题：它的内部很少有员工能把客户的需求描述清楚，也很难给客户提供一个非常准确的方案。于是他们就用了钉钉的AI PaaS能力，把过去积累的知识库用AI进行了训练，然后调优。现在他们对接客户方案的时候，都会用AI辅助对接，效率非常高。

另外一家在义乌做光伏产业。这家公司把生产车间的生产计划，以及车间里的生产进度、数据全部输入给了AI大模型，然后做了一些调优和专属性的训练。该公司现在从车间主任、数据分析员到厂长，都可以更迅速地进行生产决策，比如要不要加原料、要不要调整计划。所以AI在决策效率以及沟通效率提升上都有非常大的进步，这种进步会逐渐发生在我们身边。

AI 会使社会结构发生变化吗？能用好 AI 的，都不是老板

叶军：AI 反而给了普通人更多机会，因为现在 AI 用得好的，都不是老板，而是一线的员工，包括大家不熟悉的一些生产制造业的前线员工，他们都想改变。谁最有欲望改变，谁就会进行最大的创新，所以从这些人身上我们看到了很大的机会，他们反而成了最直接地感受到 AI 带来的进步的一群人。

刘擎：我觉得 AI 会带来社会组织结构的一个变化。因为一个人要跟 AI 很好地合作是一种新的特定能力，一个人在拥有了这种能力之后，就能以很少的人力做成很大的事。比如现在有“一人公司”这样的概念出来。这样发展下去，可能就像几年前一些哲学家、社会学家想象的那样，社会上只有很小一部分人在工作，大部分人都会变成消费者。

当然，大部分人成为消费者，需要有一个社会福利系统来支持，1% 的人口生产，99% 的人就只是作为消费者生活着，这样的社会结构在人类历史上是闻所未闻、史无前例的。有人可能会觉得不工作很好，能坐享其成，但工作对人类其实有着复杂的意义，这个结构改变之后会给社会带来很大的冲击。

叶军：我觉得刘擎老师这个观点很深刻。AI 确实会对生产关系产生明确的影响，引发改变，比如产品经理和研发工程师的比例可能会发生一些变化，其实这在很多公司都发生了。在钉钉也

发生了这个变化，我们很多业务线正在形成越来越紧密的“产业链闭环”，甚至技术部门也在指挥产品部门做一些工作。因为 AI 会变成个人的能力，个人价值会变得越来越明显。

刚才刘擎老师讲，未来可能会出现很小的公司，公司里的人越来越少了，因为不需要这么多人，我认为这种情况大概率会出现，我们的判断是小公司会越来越多，甚至一个人就可以经营一家公司。

但刘擎老师讲的另外一个观点，我想补充一下。他说未来是不是发展成 1% 的人在工作、99% 的人在消费，我对此有不同的想法。我认为这也是企业里面会发生的现象，但未来不是 1% 的人工作、99% 的人消费，而是每个人既是工作者又是消费者，人的专业能力会越来越强，没必要做这么多工作，只需要把自己最擅长的工作做好，把其他的工作交给市场即可。

很多企业都是这样，内部合作效率低下，我认为确实应该多去消费一下别的公司的资源和服务，这是未来高效率社会生产关系会出现的现象。

所以在 AGI 时代，我觉得组织结构，包括社会的生产关系必然朝着一个整体效率最高的方向发展，这是一个好的趋势。

人会被 AI 替代吗？人和人的竞争是永恒的主题

刘擎：很多人讨论，人会不会很容易被 AI 替代。我想这是肯定的。有的人可能就会绝望，彻底放弃，特别是年纪大的、教育程度低的人，这是蛮残酷的。所以我们要有相应的社会福利保障来兜底，这几年全世界都在讨论所谓的 UBI（全民基本收入），未来，人可能不需要通过工作来换取基本收入，到那时，即使有些人被淘汰了，也还是能够生存下去。

但是你如果想成为一个在职场上有成就感、有意义感的人，就必须学会和 AI 合作，去刺激它、启发它，甚至驾驭它。另外很重要的是沟通能力，你要跟 AI 对话，要对它提出好的问题。AI 时代，沟通能力可能在任何一个职业、任何一个岗位中都特别重要。拥有这些能力意味着你有无限学习的可能。过去的很多模式都会被淘汰，但个体会不会被替代取决于他能不能建立最大限度跟 AI 合作的能力。

叶军：我们看到的是 AI 用得越来越好的人，机会越来越多。其实本质上不是人和机器在竞争，而是人和人在竞争。

真正的竞争产生在我们各位之间。所以对于 AI 用得好的人而言，就像刘擎老师说的，工具驾驭得好，机会自然而然会更多。你替代的是一个不会用机器的角色，并不是那个人本身。

其实现在每个企业里面都会有一些对新技术特别感兴趣的人，我们看到 AI 用得特别好的都是一些先行者。这些人学习能力很强，而且充满热情，不是你要推什么东西让他用，而是他每天给你提想法，问能不能这样用、能不能那样用。这些员工有很好的技术背景，有很浓厚的学习兴趣，人又比较年轻。

刘擎：我们不要那么灰心。我觉得有一种光明的前景，人类会出现一种有意思的、新的生活方式和学习方式。

第一，我们不要再进行枯燥的、死记硬背的学习了，任何背诵和题海战术都没有意义了。有人类学家写过《毫无意义的工作》一书，指出大部分人从事的都是填表格等重复工作，这些工作并没有给人意义感和成就感。现在 AI 可以做这些枯燥的工作，人类就可以拥有更多情感、想象、创造等方面最高级的体验。

我以前给学生布置论文的时候，有些人总说千万不要用 ChatGPT，但我鼓励大家去用。而且我要求他们用完之后总结 AI 帮了他们什么、给了他们哪些启发、有哪些不足等等。我们已经进入一种新的生活和工作状态，AI 目前还是一个工具，但未来它会是一个 partner（伙伴）。

我们的下一代可能就是 AI native，也就是 AI 的原住民。他们生下来就意识到，这个世界有另外一种智慧，也就是 AI。他们可能从出生起，整个成长模式就跟我们不一样，会让我们发展出创造性、艺术性的一面。那就是一个很好的前景。

叶军：我觉得还是要积极拥抱 AI 并且去实践，我们确实看到了这样的例子。

钉钉上有一个在杭州非常有名的小学校长，他的学校里面有一个老师是从国外留学回来的。这位老师做了一个 AI 改作文应用，放在钉钉上面。不是每个家长都擅长文字工作，AI 可以在学生作文底稿的基础上，告诉学生怎么写可以得 90 分，这个应用很受小学生欢迎。连小学生和老师都可以接受，大家有什么可害怕的？

同样的事也发生在我自己身边。我儿子现在读初中，做作业经常问钉钉魔法棒。我也没教他，他自己就学会了，我觉得挺好。

我觉得既然孩子这么有兴趣，这么想去操作它，为什么要焦虑？他们就是这么长大的。我们是中途发现了 AI，但对有的学生来讲，他一开始就觉得这个很正常。就跟我们当年接触互联网一样，我们觉得这个东西很正常。

所以对 AI 没必要恐惧，应该去拥抱它。

AI 改变关系？技术会改变和再创造我们的欲望

刘擎：AI 不是一个局限于特定场景和特定领域的工具，而是全方位地介入了我们人类的存在，它可能是另外一个“物种”，是我们的伙伴。从怎么去制定一个旅游攻略、怎么去一家餐馆，到怎么安排一个公司的项目，我们都可以跟 AI 结伴完成。另外，它会改变我们的生活方式，也会改变人与人之间的亲密关系。

现在的人是很任性和脆弱的。“任性”是说，我们现在每个人的自主性都在提高。这当然跟现代人们获得的成就有关系，女性的受教育程度在提高，男女在物质生存的意义上都没有那么依赖对方了，所以现在年轻人婚恋很难。我们甚至对与异性身体的亲密接触也不依赖了，甚至可以发明更好的、更逼真的人工智能情感伴侣。

总而言之，AI 的衍生产品是人类自己创造的另外一个相对独立的物种，这个物种介入了我们生活的所有领域，所以带给我们的是一种新的生存方式、生活方式和价值观。人的生活意义的改变是一种挑战吗？是挑战。有风险吗？有风险。但这也可能使人类文明有一次新的创造和改变。悲观地说，人文主义那个时代过去了，就是由启蒙时代创造的那一套标准过去了，但也可能出现一个新的更好的所谓后人文主义的文明，所以未来的前景是开放的。

叶军：我觉得这是非常必要的课题研究。以前，公司的老板、CEO 工作的流程是定战略，把战略分解成目标，再拆分成项目，然后安排人去干。在这个过程中 CEO 还得了解情况、了解数据。

如果将来 AI 成为人们身边非常普遍的伙伴，可能 CEO 了解信息会非常容易，组织会更加扁平。CEO 应该留出更多时间关心员工，关心人。AI 这个词从拼音的角度可以拼读为“爱”，这确实是一个关于“爱”的问题。未来的管理者可能要花更多的时间在情感上。

现在很多管理者在某种程度上把员工当作“工具”，但未来不应该是这样，AI 可能和员工建立感情，会比管理者分配任务更有效。

刘擎：我这一代人从用笔写作过渡到主要用电脑写作，而现在的孩子都用电脑写作，修改誊写都很方便，这让他们的文章写得比以前更好。但是这对他们的精神生活、情感生活、文化生活到底有什么影响？这方面需要更多的考虑。

特别是在中国，我们在一个技术变革当中要看到大浪，还要看到沉下去的人。比如，电商的兴起带来了很多便捷，带来了新的企业发展，我们同时也要看到，还有一大批传统的线下销售，它们要么衰落，要么成功。我对书店很敏感，知道书店倒闭了很多。

在电商时代，做事的经验和切身感受非常重要，我们有的时候容易把个人的感受、经验一般化，从自己的感受推至全局的情景。通过我们的讨论，不同行业的人能够看到其他的行业，其他人从事的事情，可以有所感悟，如此，这种对话就非常好。

叶军：未来，科技的革命、科技的进步能把人从烦琐的事情中解放出来，让我们有更多的时间投入到更高质量的研究和工作中去。因此，我主张积极拥抱 AI，同时关注到它对更大人群的负面影响，甚至是对全社会的负面影响。两方面都要关注，但我还是鼓励大家积极去实践。